图书在版编目（CIP）数据

测量放线工 / 高原主编. -- 北京 ：中国计划出版
社，2017.1
图文精解建筑工程施工职业技能系列
ISBN 978-7-5182-0531-8

Ⅰ．①测… Ⅱ．①高… Ⅲ．①建筑测量－职业培训－
教材 Ⅳ．①TU198

中国版本图书馆CIP数据核字(2016)第270974号

图文精解建筑工程施工职业技能系列

测量放线工

高　原　主编

中国计划出版社出版发行

网址：www.jhpress.com

地址：北京市西城区木樨地北里甲 11 号国宏大厦 C 座 3 层

邮政编码：100038　电话：（010）63906433（发行部）

北京天宇星印刷厂印刷

787mm×1092mm　1/16　14.75 印张　353 千字

2017 年 1 月第 1 版　2017 年 1 月第 1 次印刷

印数 1—3000 册

ISBN 978-7-5182-0531-8

定价：41.00 元

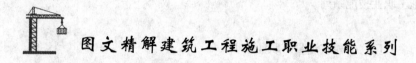

图文精解建筑工程施工职业技能系列

测量放线工

高　原　主编

中国计划出版社

前　言

工程建设中，测量放线是第一道工序也是必需的工序。在测量过程中，测量放线工应能正确使用常用的测量仪器和工具，对建筑工程施工各阶段进行各种测量。测量放线工作贯穿建筑施工中的每一个重要阶段，是施工项目能否有序、高效、高质量完成的关键。因此，我们组织编写了这本书，旨在提高测量放线工专业技术水平，确保工程质量和安全生产。

本书根据国家新颁布的《建筑工程施工职业技能标准》JGJ/T 314—2016以及《工程测量规范（附条文说明）》GB 50026—2007、《全球定位系统（GPS）测量规范》GB/T 18314—2009 等标准编写，主要介绍了测量放线基础知识、建筑构造和识图、测量操作技能、地形测量、建筑施工测量、导线测量和竣工测量、建筑物变形观测、测量误差、施工安全和施工测量工作的管理等内容。本书采用图解的方式讲解了测量放线工应掌握的操作技能，内容丰富，图文并茂，针对性、系统性强，并具有实际的可操作性，实用性强，便于读者理解和应用。既可供测量放线工、建筑施工现场人员参考使用，也可作为建筑工程职业技能岗位培训相关教材使用。

由于作者的学识和经验所限，虽然经编者尽心尽力，但是书中仍难免存在疏漏或未尽之处，敬请有关专家和读者予以批评指正（Email：zt1966@126.com）。

编　者

2016 年 10 月

目　　录

1 测量放线基础知识

1.1 测量放线工职业技能等级要求

1.1.1 五级测量放线工

1. 理论知识

(1) 掌握测量工作基本概念、基本内容及测量工作程序的基本原则。

(2) 掌握普通水准仪、经纬仪操作使用方法和仪器保养知识。

(3) 熟悉普通测距工具的使用方法及操作要领。

(4) 了解识图的基本知识，看懂分部分项施工图，并能校核小型、简单建筑物三面投影图的关系和尺寸。

(5) 了解工程构造的基本知识、一般建筑工程施工程序及对测量放线的基本要求，本职业与相关职业的关系。

(6) 了解点的平面坐标、标高、长度、坡角、角度、面积、体积的计算方法和一般函数型计算器的使用知识；了解普通水准仪、经纬仪的构造、性能；了解测量误差的基本知识和测量坐标系统。

(7) 了解水准测量方法及测设检验标高、角度测量方法及测设检验角度、距离测量方法及钢尺测距误差改正。

(8) 了解测量基准点的检验方法和保护措施。

(9) 了解施工验收规范和质量评定标准、测量记录、计算工作的基本要求。

2. 操作技能

(1) 熟练进行普通水准仪操作，仪器安置、一次精密定平、抄水平线、设水平桩和皮数杆、简单方法平整场地的施测和短距离水准点的引测。

(2) 熟练进行水准测量转点的选择，正确使用水准尺和尺垫，记录规范。

(3) 熟练进行普通经纬仪的操作，仪器安置、标定直线、延长直线和竖向投测，正确读数和记录，正确使用标杆、测钎、觇牌、垂球线等照准标志。

(4) 熟练进行距离丈量，用钢尺测设水平距离及垂线测设，拉力计、弹簧秤、温度计的正确使用，了解成果整理和计算。

(5) 熟练进行测量仪器、工具的妥善保管、维护及安全搬运和安全使用。

(6) 能够进行打桩定点、埋设施工用半永久性测量标志、做桩位设点的记号、设置龙门板、垂球吊线、撒灰线、弹墨线。

(7) 能够进行小型建筑物的定位、放线。

1.1.2 四级测量放线工

1. 理论知识

(1) 掌握自动安平水准仪的构造及操作使用，了解普通水准仪的检校原理和步骤，掌握水准路线布设和测设高程。

（2）掌握普通全站仪和电子经纬仪的构造及操作使用，了解普通经纬仪检校原理和步骤。

（3）掌握视距测量、光电测距和激光准直仪器在施工测量中的一般应用。

（4）熟悉制图的基本知识，看懂并审核施工总平面图和有关测量放线施工图的关系和尺寸。

（5）熟悉常规建筑构造、建筑结构设计的基本知识，熟悉一般建筑工程施工特点及对测量放线的基本要求。

（6）熟悉测量计算的数学知识和函数型计算器的使用知识，会进行一般内业计算。熟悉测量基准点的检验方法和保护措施。

（7）了解测量误差的来源、分类、性质及处理原则，测量误差的精度评定标准及限差设定，测量成果的精度要求，误差产生主要原因和消减办法。

（8）了解根据测量方案布设场地平面和高程控制网的方法，了解常规工程测量放线方案编制知识。

（9）了解沉降观测基本知识和竣工平面图的测绘要求。

2．操作技能

（1）熟练进行普通水准线路测量、水准成果简单计算、场地平整施测及土方计算。

（2）熟练进行经纬仪测设方向点、坐标法或交会法测设点位、圆曲线的计算与测设。

（3）熟练进行红线桩数据计算复核及现场校测。

（4）熟练进行常规建筑物定位放线。

（5）能够进行导线测量、竣工测量。

（6）能够进行沉降观测。

（7）会制定常规工程施工测量放线方案，并组织实施。

（8）会根据测设基准点，测设常规工程场地控制网或建筑主轴线。

1.1.3　三级测量放线工

1．理论知识

（1）掌握识图及制图的基本知识，看懂并审核较复杂建筑物施工总平面图和有关测量放线施工图的关系和尺寸，地形图的识读和应用。

（2）掌握一般建筑构造、建筑结构设计的基本知识，熟悉一般建筑工程测量放线要求，组织现场施工测量工作的进行。

（3）掌握工程测量的基本理论知识，掌握不同坐标系间平面坐标转换计算、导线闭合差的计算与调整、直角坐标和极坐标的换算、角度交会法与距离交会法定位的计算。

（4）掌握测量误差的基本理论知识，运用测量误差理论知识进行数据处理及掌握测量基准点的检验方法和保护措施。

（5）掌握常规经纬仪、水准仪器检校原理和步骤。

（6）掌握竣工测量及建筑物变形观测知识。

（7）掌握预防和处理质量和安全事故的方法及措施。

（8）熟悉测量仪器，综合运用测量仪器及工程测量方法定位和校核。

（9）熟悉大、中型场地建筑方格网和小区控制网的布置、计算的方法。

（10）了解小区域地形图测绘的方法和步骤。

2. 操作技能

（1）熟练进行精密水准仪操作使用，进行三等、四等水准测量及成果平差。

（2）熟练进行大、中型场地建筑方格网和小区控制网测设，测绘大比例尺地形图。

（3）熟练进行工程定位、校核，进行较复杂建筑物定位放线。

（4）熟练进行水平位移、高程沉降等变形观测。

（5）熟练进行常规经纬仪、水准仪检校。

（6）能够掌握施工测量新技术、新设备的使用。

（7）会制定较复杂工程施工测量放线方案，并组织实施。

（8）会进行工程测量一般性施工技术交底。

1.1.4 二级测量放线工

1. 理论知识

（1）掌握识图及制图的基本知识，能进行复杂建筑物施工图纸的审核和运用及复杂地形图的识读和应用。

（2）掌握特殊建筑构造、建筑结构设计的知识，熟悉特殊建筑工程测量放线要求，协调现场测量工作的质量、安全、进度。

（3）掌握工程测量的基本理论知识和施工管理知识。

（4）掌握测量误差的来源分析、误差估算及降低误差的方法。

（5）掌握各类测量仪器运用方法，综合运用测量仪器及工程测量方法定位和校核。

（6）掌握地形测绘及工程地形图应用。

（7）掌握常规测量仪器的一般维修方法。

（8）掌握各类工程控制网的布设、施测及数据处理。

（9）掌握竣工测量及建筑物变形观测知识。

（10）掌握安全、质量法规及简单事故的处理程序。

（11）熟悉工程测量的先进技术及发展趋势。

（12）了解电脑绘图软件的使用及绘图仪等设备的使用。

2. 操作技能

（1）熟练进行精密水准仪使用，高等级水准测量网布设及成果平差。

（2）熟练进行各类平面控制网测设。

（3）熟练进行各种工程定位、校核，进行复杂建筑物定位放线。

（4）熟练进行各种变形观测。

（5）熟练进行常规测量仪器的一般维修。

（6）能够进行复杂工程施工测量放线方案制定，并组织实施。

（7）会推广和应用施工测量新技术、新设备。

（8）会进行复杂工程测量施工技术交底。

（9）会根据生产环境，提出安全、质量生产建议，并处理简单事故。

1.1.5　一级测量放线工

1. 理论知识

（1）掌握复杂建筑物施工图纸的审核和运用及复杂地形图的识读和应用知识、电脑操作及 AutoCAD 的图形处理功能。

（2）掌握建筑构造、建筑结构设计的知识、建筑工程测量放线要求，全面协调、管理现场测量工作的质量、安全、进度。

（3）掌握工程测量的理论知识和施工管理知识并能熟练运用。

（4）掌握综合运用测量误差理论解决工程测量难题的方法。

（5）掌握运用计算机辅助设计手段解决测量实施难题的方法。

（6）掌握各类工程控制网的布设、施测及数据处理。

（7）掌握常规测量仪器的一般维修方法。

（8）掌握地形图测绘、市政工程测量、精密工程测量的测量方法及测量方案编制。

（9）掌握竣工测量及建筑物、构筑物变形观测知识。

（10）掌握工程测量最新技术，了解测量仪器新产品和新功能。

（11）掌握测量工作安全、质量事故应急预案编制方法和安全、质量事故的处理程序。

2. 操作技能

（1）熟练进行精密、复杂水准测量网布设及成果平差。

（2）熟练进行各类平面控制网测设及数据处理。

（3）熟练运用各种工程定位、校核方法，进行较复杂建筑物定位放线。

（4）熟练进行施工测量新技术、新设备的应用。

（5）能够制定特殊工程施工测量放线方案，并组织实施。

（6）能够制定各种变形观测、竣工测量方案。

（7）能够进行特殊工程测量施工技术交底。

（8）会传授技艺，能解决本职业工作中的复杂问题。

（9）会编制安全、质量事故处理预案，并熟练进行现场处置。

1.2　测量放线的基本内容

1.2.1　测量放线的工作内容

1. 测量工作的内容

测量工作可以分为外业与内业。在野外利用测量仪器和工具测定地面上两点的水平距离、角度、高差，称为测量的外业工作；在室内将外业的测量成果进行数据处理、计算和绘图，称为测量的内业工作。

点与点之间的相对位置可以根据水平距离、角度和高差来确定，而水平距离、角度和高差也正是常规测量仪器的观测量，这些量被称为测量的基本内容，又称测量工作三要素。

（1）距离。如图1-1所示，水平距离为位于同一水平面内两点之间的距离，如 AB、AD；倾斜距离为不位于同一水平面内两点之间的距离，如 AC'、AB'。

（2）角度。如图1-1所示，水平角 β 为水平面内两条直线间的夹角，如 $\angle BAC$；竖直角角 α 为位于同一竖直面内水平线与倾斜线之间的夹角，如 $\angle BAB'$。

（3）高差。两点间的垂直距离构成高差，如图1-1中的 AA'、CC'。

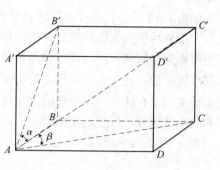

图1-1 三个基本观测量

2. 建筑施工测量的主要任务和作用

（1）测定是将局部地区的地貌和地面上的地物按一定的比例尺缩绘成地形图，作为建筑工程规划设计的依据。

（2）测设是将图纸上已设计好的各种建筑物、构筑物按设计的施工要求测设到相应的地面上，并设置工种标志，作为建筑施工的依据，这项工作也叫放线。

1.2.2 测量放线的基本要求

（1）测量工作的精度会影响施工质量，要想保证施工质量符合设计要求，施工测量工作必须要求把质量放在第一位。

（2）测量人员要有严肃认真的工作态度，在测量工作中，为了避免产生差错，应进行相应的检查和检核，杜绝弄虚作假、伪造测量成果、违反测量规则等行为。

（3）测量人员要爱护测量仪器及工具。测量仪器相对建筑施工其他用具比较精密和贵重，测量仪器的状态也将直接影响测量观测成果的精度。因此，施工测量人员应爱护测量仪器与工具。

（4）测量成果应真实、客观。原始测量成果是施工的依据资料，需要长期保存，因此，测量成果应具有客观、真实及原始的特点。

1.2.3 测量工作的程序与原则

1. 测量的程序

地球表面的各种形态很复杂，可以分为地物和地貌两大类，地球表面的固定性物体称为地物，如房屋、公路、桥梁、河流等，地面上的高低起伏形态称为地貌，如山岭、谷地等。地物与地貌统称为地形。测量的任务就是要测定地形的位置并把它测绘在图纸上。

地物和地貌的形状和大小都是由一些特征点的位置所决定的。这些特征点又称为碎部点，测量时，主要就是测定这些碎部点的平面位置和高程，当进行测量工作时，不论用哪些方法，使用哪些测量仪器，测量成果都会有误差。为了防止测量误差的积累，提高测量精度，在测量工作中，必须遵循由"先控制后碎部、从整体到局部，从高级到低级"测量原则。

如图1-2所示，先在测区内选择若干个具有控制意义的点 A、B、C、D、E 等作为控制点，用全站仪和正确的测量方法测定其位置，作为碎部测量的依据。这些控制点所组成的图形称为控制网，进行这部分测量的工作称为控制测量。然后，再根据这些控制点测定碎部点的位置。例如在控制点 A 附近测定其周围的房子1、2、3各点，在控制点 B 附近测定房子4、5、6各点，用同样的方法可以测定其他碎部的各点，因此这个地区的地物的形状和大小情况就可以表示出来了。

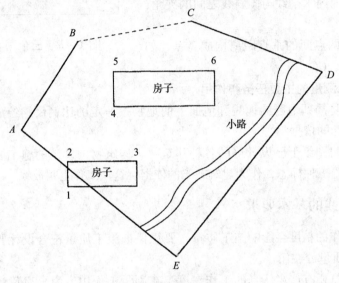

图1-2 碎部测量

2. 测量的基本原则

（1）审查图纸：所有尺寸、建筑物关系进行校核，平面、立面、大样图所标注的同一位置的建筑物尺寸、形状、标高是否一致；室内外标高之间的关系是否正确。

（2）实施测量原则：以大定小、以长定短、以精定粗、先整体后局部。

（3）测量主要操作人员必须持证上岗。

（4）施工前测量方案审批通过（方案中要有：监理测量网络控制图、结构测量放线图、标高传递图、水电定位图、砌筑定位放线图、抹灰放线控制图等）。

1.2.4 测量坐标系

1. 大地坐标系

在测量工作中，点在椭球面上的位置用大地经度和大地纬度来表示。经度即为通过某点的子午面与起始子午面的夹角，纬度即是指经过某点法线与赤道面的夹角。这种以大地经度和大地纬度表示某点位置的坐标系称为大地坐标系，也是全球统一的坐标系。

图 1 – 3 中，P 点子午面与起始子午面的夹角 L 就是 P 点的经度，过 P 点的铅垂线与赤道面的夹角 B 就是 P 点的纬度。地面上任何一点都对应着一对大地坐标，比如北京的地理坐标可表示为东经 $116°28'$、北纬 $39°54'$。

2. 平面直角坐标系

（1）独立平面直角坐标。在小区域内进行测量时，常常采用独立平面直角坐标来测定地面点位置。如图 1 – 4 所示，独立平面直角坐标系规定南北方向为坐标纵轴 x 轴（向北为正），东西方向为坐标横轴 y 轴（向东为正），坐标原点通常选在测区西南角以外，以使测区内各点坐标均为正值。其与数学上的平面直角坐标系不同，为了定向方便，测量上，平面直角坐标系的象限是按顺时针方向编号的，将其 x 轴与 y 轴互换，目的是将数学中的公式直接用到测量计算中，如图 1 – 5 所示。

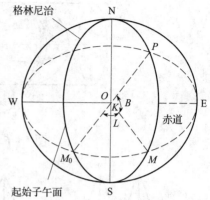

图 1 – 3　大地坐标系

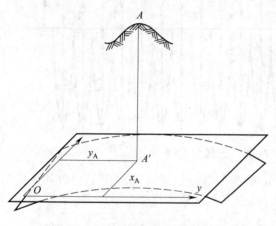

图 1 – 4　独立平面直角坐标系

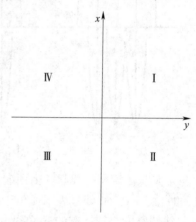

图 1 – 5　独立坐标象限

（2）高斯平面直角坐标系。当测区范围比较大时，不能把球面的投影面看成平面，测量上通常采用高斯投影法来解决这个问题。利用高斯投影法建立的平面直角坐标系称为高斯平面直角坐标系，大区域测量点的平面位置，常用此法。

1）高斯平面直角坐标的形成如图 1 – 6 所示，假想一个椭圆柱横套在地球椭球体上，使其与某一条经线相切，采用解析法将椭球面上的经纬线投影到椭圆柱面上，然后将椭圆柱展开成平面，即获得投影后的图 1 – 6（a）的图形。

中央子午线投影到椭圆柱上是一条直线，把这条直线作为平面直角坐标系的纵坐标轴，即 x 轴，表示南北方向。赤道投影后是与中央子午线正交的一条直线，作为横轴，即 y 轴，表示东西方向。这两条相交的直线相当于平面直角坐标系的坐标轴，构成高斯平面直角坐标系，如图 1 – 6（b）所示。

2）高斯投影分带。高斯投影将地球分成很多带，为限制变形，将每一带投影到平面上。带的宽度通常分为 $6°$、$3°$ 和 $1.5°$ 等几种，简称 $6°$ 带、$3°$ 带、$1.5°$ 带，如图 1 – 7 所示。

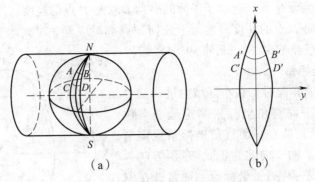

图 1-6 高斯平面直角坐标系

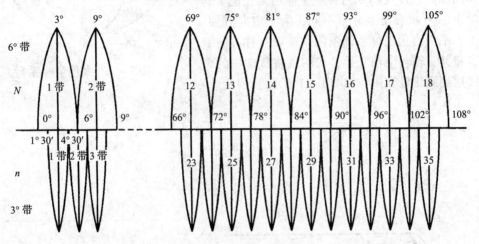

图 1-7 六度、三度分带

6°带投影是从零度子午线起，由西向东，每 6°为一带，全球共分 60 带，分别用阿拉伯数字 1、2、3、…、60 编号表示。位于各带中央的子午线称为该带的中央子午线。每带的中央子午线的经度与带号有如下关系：

$$L = 6N - 3 \tag{1-1}$$

由于高斯投影的最大变形在赤道上，且随经度的增大而增大。6°带的投影只能满足 1:25000 比例尺地图，如果要得到大比例尺地图，则要限制投影带的经度范围。3°带投影是从 1°30′子午线起，由西向东，每 3°为一带，全球共分 120 带，分别用阿拉伯数字 1、2、3、…、120 编号表示。3°带的中央子午线的经度与带号有如下关系：

$$L = 3N' \tag{1-2}$$

反过来，根据某点的经度也可以计算其所在的 6°带和 3°带号，公式为：

$$N = [L/6] + 1 \tag{1-3}$$

$$N' = [L/3 + 0.5] \tag{1-4}$$

式中：N、N'——表示 6°带、3°带的带号；

　　　[ ]——表示取整。

我国位于北半球，为避免坐标值出现负值，我国规定把纵坐标轴向西平移 500km，这样全部坐标值均为正值。此时中央子午线的 Y 值不是 0 而是 500km。

3. 地心坐标系

地心坐标系是指利用空中卫星位置来确定地面点位置的表示方法，如图1-8所示。

（1）地心空间直角坐标系如图1-8所示，坐标系原点 O 与地球质心重合，Z 轴指向地球北极，X 轴指向格林尼治子午面与地球赤道的交点，Y 轴垂直于 XOZ 平面构成右手坐标系。

（2）地心大地坐标系，如图1-8所示，椭球体中心与地球质心重合，椭球短轴与地球自转轴重合，大地经度 L 为过地面点的椭球子午面与格林尼治子午面的夹角，大

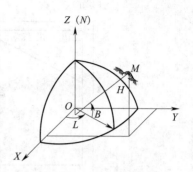

图1-8 地心坐标系

地纬度 B 为过地面点与椭球赤道面的夹角，大地高 H 为地面点的法线到椭球面的距离。

在地心坐标系中，任意地面点的地心坐标即可表示为 (X, Y, Z) 或 (L, B, H)，二者之间可以换算。

1.2.5 测量放线的检验

1. 细部线的检验方法

（1）细部线的检验方法。

1）施工测量验线的主要任务是对正测设于实地的建筑物细的正确值即精度进行检测的工作。

2）细部线的验线依据首先是图纸，依次检查施工层的线是否按图施工，根据主轴线有钢尺拉通尺检查各轴线及墙等边线尺寸，误差是否在允许值之内细部轴线位置，是否正确或用经纬仪进行转90°角校测，也可用钢尺拉对角线校核。竖向标高的检验方法从起始高程向施工层传递三处标高点，较差在 3mm 之内算合格，每层的标高相对误差应在 ±33mm 之内。

（2）实物线的放线与检验方法。

1）放线法。首先校核定位依据桩，熟悉及校核图纸，根据定位坐标或定位条件，采用极坐标方法进行相关数据的计算，采用一定的观测方法观测顺序，观测各建筑物的角色（或控制点）。

2）检验方法。

①验定位依据桩位置是否正确，有无碰动。

②验定位条件几何尺寸。

③验建筑物控制网与控制桩的点位准不准，桩牢不牢固。

④验建筑物外廓轴线间距或主要轴线间距。

⑤在经施工方自检定位验线合格后，填写"施工测量放线报验单"提请监理单位验线。

2. 其他验线方法及易错线问题

（1）装修线的检验。

1）室内抹灰前进行房间套方正工作，依据轴线位置准确的一面墙在地面弹出抹灰厚度线，在找与本面墙呈直角的另一面墙，用勾股定理验证房间是否方正（图1-9）。

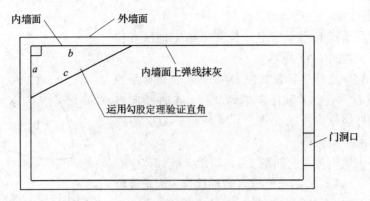

图 1-9 用勾股定理验证房间的方正

2）房间墙垂直度验证。用米尺量房间开间墙（上点、下点）取纵、横墙各两端净空尺寸避免出现房间大小头偏差，如图 1-10 所示。（上点取天花下 100m，下点取墙根部与地面夹角处。）

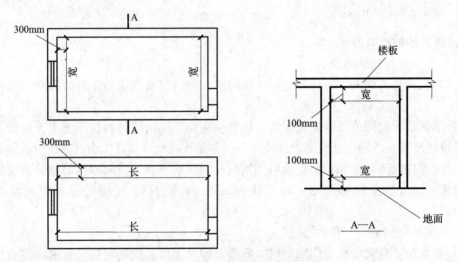

图 1-10 用米尺量房间开间墙

用线坠吊墙是否垂直（先取一面纵墙和一面横墙）。

3）检验地面标高。

①根据室内 50 线（或 1.0m 线），查看装修图做法，确定建筑 50 线与装修做法是否吻合。

②用水平管检验 50 线是否水平。

4）控制线的应用。

①外墙装修使用垂直控制线安装保温板。

②用水平控制线安装外墙保温板，如图 1-11 所示。

③利用墙边控制线进行墙体模板安装，如图 1-12 所示。

（2）易错线的问题。在施工中线的偏差是有限的，而错线则是致命的，所以在施工中线不出差错是最关键的。

图1-11　水平控制线安装保温板

图1-12　墙体控制线

1）注意偏轴线。有时图纸较复杂会在若干部位出现偏中线的设计，需要我们认真看图，并从不同方向复核各尺寸的总尺寸。

2）注意标高线。重点是注意+0.000和-0.000，也就是±0.000以上和以下的关系，避免计算错误。

3）注意非直角线的放线。当出现锐角或钝角线时，要认真及复核对轴线，同时复核依据轴线导出来的各种钝角、锐角等。

4）注意50线与非50线的标注。50线应在楼梯间处用红色标明，避免在施工中各工种弹的非50线。

5）注意双线错误。很多工程中定50线时是正确的，但在弹线时也有人弹错位，或弹错位后又重新补弹一根线，造成工人操作中误用50线，特别是精装修显得尤为重要，对出现双线必须将错误50线及时清掉。

1.3 计算器的使用知识

1.3.1 函数型计算器的一般知识

1. 计算器在测量工作中的应用

计算器是一种具有记忆功能的新型计算工具。由于它具有价格低、维修费用低、体积小、携带方便、操作简便、易于掌握、计算速度快、结果准确可靠的优点，因而它成为测量放线工作中进行计算的重要工具。

2. 计算器的分类

计算器按其运算功能区分，可分为五种类型。

（1）简易型。只能进行四则运算、乘方、开方和百分比等算术运算。

（2）普通型。在简易型的基础上，又增设了一个存储器，供存储中间结果。

（3）函数型。可进行四则混合运算、常数运算、存储运算、百分比运算等算术运算。还可进行六十进制与十进制的换算；三角函数与反三角函数计算；双曲函数与反双曲函数计算；对数函数与反对数函数计算；指数函数、乘幂、倒数、阶乘运算；直角坐标与极坐标的互相转换等，并能求一组统计数的算术平均值、总和、平方和，以及总体标准差和样品标准差等功能。

（4）可编程序型。除具有函数型功能外，其主要特点是能存储一个或若干个由操作者自行编制的计算程序，并可随时调用存储的程序来求解某些特殊问题。

（5）专用型。根据某种专业工作的特殊需要而制造的某种计算器。如日本生产的"家庭会计"、美国生产的"数据人"和"小教授"等，即属于这种类型。

在测量专业的测量计算中，常采用函数型计算器。它的功能可以满足测量放线工作的需要。有条件时，可采用可编程序型计算器进行较复杂的重复计算或进行野外作业记录、数据处理，从而使测量数据采集、处理的自动化成为现实。

3. 函数型计算器的构造

（1）运算器。它相当于计算工具算盘，是计算器进行各种运算的部件，由单片大规模集成电路构成。

（2）存储器。它是存放数据和程序的装置，形象地说，它相当于人的大脑起记忆的作用。

（3）控制器。它是整个计算器的指挥系统，是整个计算器的中枢。通过它向计算器的各部位发出控制信号来指挥计算器自动、协调地进行工作。控制器是按预先编好的程序，一条指令一条指令连续自动地进行操作。

（4）输入器。输入器是向计算器输送数据、程序等信息的设备。在计算器中，基本的输入器是键盘。

（5）输出器。输出器是用于将计算器计算所得中间结果或最后结果表示出来的装置。在计算器中，输出器是由若干个数码管或液晶显像单元组成的显示窗。

1.3.2 计算器操作注意事项

（1）首次使用计算器之前，务必先按下"ON"键。

（2）即使计算器运行正常，也请至少每三年［IR44（GPA76）］或者每两年［R03（UM－4）］或者每年［IR03（AM4）］更换一次电池。

电量耗尽的电池可能会发生电池液泄漏，造成计算器损坏或者功能不正常。切勿将电量耗尽的电池留在计算器内。

计算器随附的电池，在装运与存放期间可能会出现轻微的放电。因此，它可能比正常预计的电池寿命要短，需要提前更换。

电力不足可能会使存储器内容损坏或者永远丢失。应始终保存所有重要数据的书面记录。

（3）应避免在易于受到极高或者极低温度的地区使用或者存放计算器。

（4）应避免在易于受到大量湿气与灰尘影响的地方使用与存放计算器。

（5）切勿使计算器跌落或者以其他方式使其受到强力冲击。

（6）切勿扭曲或者弯曲计算器。

（7）切勿尝试拆开计算器。

（8）切勿用圆珠笔或者其他尖锐物体按压计算器的按键。

（9）应使用柔软的干布拭净计算器的外部。

1.3.3　函数型计算器的使用

1．计算器界面

计算器的使用，关键在正确地掌握键的使用。因此必须先了解各个键的名称、功能等。如图 1－13 所示 f_x－82ES 型计算器。

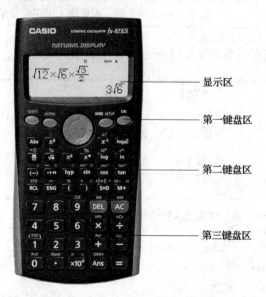

图 1－13　f_x－82ES 型计算器

第一键盘区由模式键"MODE"、功能键"SHIFT"、"ALPHA"和四个光标移动键等组成。

第二键盘区主要是进行数学函数计算。

第三键盘区主要是数字和 + 、 − 、 × 、 ÷ 四则运算。

2. 函数计算器的使用

（1）电源开关键。按下"ON"键，接通计算器电源；按下"SHIFT""AC（OFF）"键，断开计算器电源。

（2）功能键与功能转换键。

1）功能键。用于执行各种运算操作的键，包括清除键类、存储键类、基本运算键类以及程序键类。

键盘上只有少数键具有一种功能，大多数按键均具有一键多功能的作用。

2）功能转换键。功能转换键是使多功能键能行使第二及以上功能作用的键。

一般单独按一个多功能键，即执行主功能。如果需要第二功能，则先按"功能转换键"，然后按此功能键。

按下"SHIFT"或是"ALPHA"，接着按下第二键，将会执行第二键的第二功能。该键上方的印刷文字标示了该键的第二功能（图 1 – 14）。

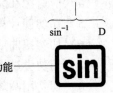

图 1 – 14　功能键

第二功能键的不同颜色的文字含义表示见表 1 – 1。

表 1 – 1　按键表示

按键标记文字颜色	表　　示
黄色	按下"SHIFT"键，即可使用本应用键的功能
红色	按下"ALPHA"键，即可输入可用的变量、常数和符号

（3）显示屏指示符号。如图 1 – 15 所示，符号表示见表 1 – 2。

STAT　　　　**D**

图 1 – 15　显示屏指示符号

表 1 – 2　显示屏符号表示

指示符	表　　示
S	按下"SHIFT"键，键盘进入转换键功能。当按下任一键时，所有键盘会解除转换，而此指示符会消失
A	按下"ALPHA"键，会进入字母输入模式。当按下任一键时，会退出字母输入模式，而此指示符消失
M	有一个存贮在独立存储器内的数值
STO	计算器正在等待输入一个变量名称，以便为此变量指定一个数值。在按下"SHIFT""RCL（STO）"，出现此指示符

续表 1-2

指示符	表　示
RCL	计算器正在等待输入一个变量名称，以便检索此变量的数值。在按下"RCL"时，出现此指示符
STAT	计算器处于 STAT 模式
D	预设角度单位为度数
R	预设角度单位为弧度
G	预设角度单位为百分度
FIX	固定位数的小数位数有效
SCI	固定位数的有效位数有效
Math	数学样式被选定为输入/输出格式
▲▼	可提供并重现计算历史存储数据，或者在现有屏幕之上或之下还有更多的数据
Disp	显示屏目前显示多语句表达式的中间结果

（4）计算器的初始化。初始化计算器时，计算模式与设置会返回至其初始预设（图1-16）。此项操作也会清除目前计算器存储器内的所有数据。计算器初始化见表1-3。

SHIFT 9 (CLR) 3 (All) = (Yes)

图 1-16　计算器的初始化

表 1-3　计算器初始化

设　定	初始化如下
计算模式	COMP
输入/输出格式	MthIO
角度单位	Deg
显示数字	Norml
分数显示格式	d/c
统计显示	OFF
小数点	Dor

若要取消初始化，只需按下"AC"（Cancel），不要按下"="。

（5）计算模式设置（表1-4）。

表1-4 模式设置

模 式	功 能
COMP	一般计算
STAT	统计和回归计算
TABLE	在表达式的基础上产生数字表格

1）模式设置：按下"MODE"，显示模式菜单（图1-17）。

```
1:COMP  2:STAT
3:TABLE
```

图1-17 模式菜单

按下想要选择的模式相对应的数字键。

例如，若想选择 STAT 模式，请按下数字键"2"。

2）计算器设定：按下"SHIFT""MODE（SETUP）"会显示设定菜单。可以用此设定菜单来控制计算的进行与显示的方式。设定菜单有两个屏幕，可以使用"▲"和"▼"键，在它们之间进行切换（图1-18）。

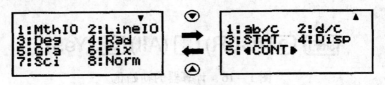

图1-18 计算器设定

①指定输入/输出格式。输入输出格式操作见表1-5，数字格式与线性格式如图1-19所示。

表1-5 输入输出格式操作

输入/输出格式	操 作
数字格式（Math）	"SHIFT""MODE""1"（MthIO）
线性格式（Linear）	"SHIFT""MODE""2"（LineIO）

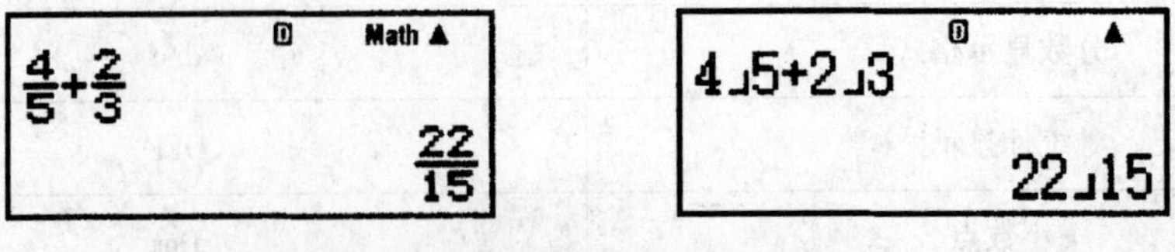

图1-19 数学格式与线性格式

②指定预设角度单位，见表 1-6。

表 1-6 角度单位预设

预设角度单位	操 作
度数	"SHIFT" "MODE" "3"（Deg）
弧度	"SHIFT" "MODE" "4"（Rad）
百分度	"SHIFT" "MODE" "5"（Gra）

$90° = \dfrac{\pi}{2}$ 弧度 $= 100$ 百分度。

③指定显示数字的位数，见表 1-7。

表 1-7 数字位数设置

数 字 位 数	操 作
小数位数	"SHIFT" "MODE" "6"（Fix）"0~9"
有效数字位数	"SHIFT" "MODE" "7"（Sci）"0~9"
指数显示范围	"SHIFT" "MODE" "8"（Norm）"1"（Norm1）或者"2"（Norm2）

计算结果显示举例：

Fix：所指定的数值（从 0 至 9）控制计算结果所要显示的小数位数。计算结果在显示之前会先四舍五入到指定的小数位数。

【例】 $100 \div 7 = 14.286$（Fix3）

$\qquad\qquad = 14.29$（Fix2）

Sci：所指定的数值（从 1 至 10）控制计算结果所要显示的有效数字位数。计算结果在显示之前会先四舍五入到指定的小数位数。

【例】 $1 \div 7 = 1.4286 \times 10^{-1}$（Sci5）

$\qquad\qquad = 1.429 \times 10^{-1}$（Sci4）

Norm：选择两个可供选择的设定之一（Norm1，Norm2），决定非指数格式显示结果的范围。在此指定范围之外，计算结果会以指数格式显示。

【例】 $1 \div 200 = 5 \times 10^{-3}$（Norm5）

$\qquad\qquad = 0.005$（Norm2）

④指定分数显示格式，见表 1-8。

表 1-8 分数显示格式

指定分数显示格式	操 作
带分数	"SHIFT" "MODE" "▼" "1"（ab/c）
假分数	"SHIFT" "MODE" "▼" "2"（d/c）

⑤指定统计上的显示格式，见表1-9。

表1-9 统计显示格式

指定格式	操 作
显示 FREQ 栏位	"SHIFT" "MODE" "▼" "3"（STAT）"1"（ON）
隐藏 FREQ 栏位	"SHIFT" "MODE" "▼" "3"（STAT）"2"（OFF）

使用下述步骤，打开或者关闭 STAT、模式下的 STAT、编辑屏幕的频率（FREQ）栏显示。

⑥指定小数点显示格式，见表1-10。

表1-10 小数点显示格式

小数点显示格式	操 作
句号（.）	"SHIFT" "MODE" "▼" "4"（Disp）"1"（Dot）
逗号（,）	"SHIFT" "MODE" "▼" "4"（Disp）"2"（Comma）

3. 函数型计算器的计算功能

算术运算：包括四则混合运算、常数运算、分数运算及存储运算等。

函数运算：六十进制与十进制的互相换算；三角函数及反三角函数运算；双曲函数及反双曲函数运算；对数函数（常用对数与自然对数）与指数函数运算；阶乘、乘幂、倒数以及极坐标与直角坐标和角度单位的相互转换等。

统计计算：可求一组统计数的算术平均值、总和、平方和，以及总体标准差和样品标准差等。

（1）输入表达式和数值。

1）使用标准格式输入计算表达式。输入数学计算表达式，就像将它们写在纸上一样。然后只需按下" = "键，计算该表达式。计算器会自动判断加、减、乘、除、函数与括号的计算优先顺序（图1-20）。

【例】 $2(5+4)-2 \times (-3) =$

LINE

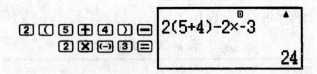

图1-20 标准格式计算过程

2）输入普通的函数。当输入下述任何普通函数，它会自动加入一左括号"（"。接着，需要输入自变量与右括号"）"（图1-21）。

【例】　sin30 =

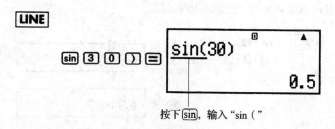

图 1 - 21　普通函数输入过程

3）以数学格式输入，见表 1 - 11。

表 1 - 11　数学格式输入所支持的函数和符号

函数/符号	按 键 操 作	字节	函数/符号	按 键 操 作	字节
假分数	▭	9	平方，立方	x^2，x^3	4
带分数	SHIFT ▭（■▭）	13	倒数	x^{-1}	5
log（a，b）（对数）	log▫	6	幂次	$x^■$	4
10^x（10 的 x 次方）	SHIFT log（10■）	4	幂次方根	SHIFT $x^■$（■√□）	9
e^x（e 的 x 次方）	SHIFT ln（e■）	4	绝对值	Abs	4
平方根	√■	4	括弧	(或)	1
立方根	SHIFT √■（³√■）	9			

（2）数字的变更。

1）变更刚输入的字符或者函数，如图 1 - 22 所示。

【例】　将表达式 369 × 13 变更成 369 × 12。

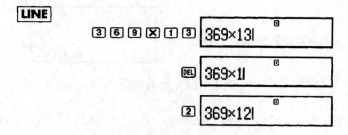

图 1 - 22　变更输入的字符或函数

2）删除一个字符或者函数，如图 1 - 23 所示。

【例】 将表达式 369 × ×12 变更成 369 ×12。

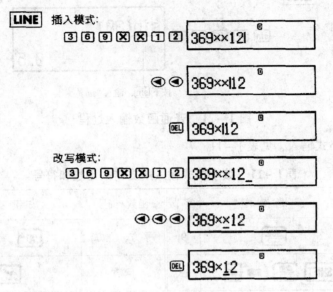

图 1 - 23 删除一个字符或函数

（3）小数位数和有效数字位数。对于计算结果，可以指定固定的小数位数和有效数字位数，如图 1 - 24 所示。

【例】 1 ÷ 6 =

初始预设设定（Norm1）

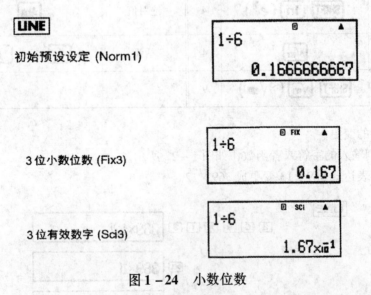

图 1 - 24 小数位数

（4）在假分数和带分数格式之间进行切换。按下 "SHIFT" "S↔D" $\left(a\,\dfrac{b}{c}\leftrightarrow\dfrac{d}{c}\right)$ 键，在带分数和假分数之间切换显示分数（图 1 - 25）。

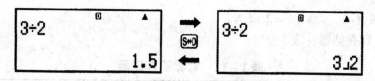

图 1-25　分数格式切换

（5）三角函数和反三角函数。三角函数和反三角函数所需的角度单位是计算器预设设定的角度单位。在执行计算以前，应确保指定想要使用的预设角度单位。

（6）指数函数和对数函数。对于对数函数"log"，可以使用语法"log（m，n）"指定基数 m。

如果只输入单一数值，则在计算中使用基数 10。

"ln"是自然对数函数，基数为 e。

当使用数学格式时，也可以使用"log"键，以"log（m，n）"形式输入表达式。

（7）直角 - 极坐标转换。如图 1-26 所示，坐标转换可以在 COMP 和 STAT 计算模式下执行。

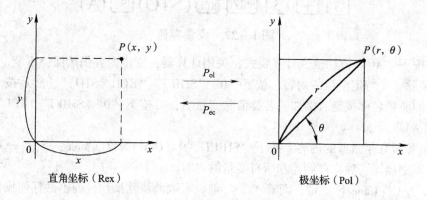

图 1-26　直角 - 极坐标转换

1）转换至极坐标（Pol）：

Pol（X，Y）　　　X：指定直角坐标的 X 值

　　　　　　　　　　Y：指定直角坐标的 Y 值

在 $-180° < \theta < 180°$ 的范围内显示计算结果 θ。

使用计算器的预设角度单位显示计算结果 θ。

计算结果 r 代入变量 X，而 θ 代入 Y。

2）转换至直角坐标（Rec）：

Rec（r，θ）　　　r：指定极坐标的 r 值

　　　　　　　　　　θ：指定极坐标的 θ 值

依据计算器的预设角度单位设定，将输入值 θ 视为是一直角值。

计算结果 x 代入变量 X，而 y 则代入 Y。

如果在表达式内执行坐标转换，而非独立操作，则计算结果只会执行转换结果的第一个数值（可能是 r 值或者 X 值）。

【例】 Pol $(\sqrt{2}, \sqrt{2}) + 5 = 2 + 5 = 7$

(8) 计算器存储器 (表1-12)。

表1-12 计算器存储器

存储器名称	描　述
答案存储器	存储最近的计算结果
独立存储器	计算结果可以加入独立存储器中或是从独立存储器中减去，"M"指示符表示数据存储于独立存储器
变量	有六个变数 A、B、C、D、X 和 Y 可以存储个人用数值

1) 存储变量。变量 (A、B、C、D、X、Y) 可以将特定数值或者计算结果代入一个变量。

【例】 将 $3+5$ 的结果代入变量 A (图1-27)。

$$\boxed{3}\ \boxed{+}\ \boxed{5}\ \boxed{\text{SHIFT}}\ \boxed{\text{RCL}}\ (\text{STO})\ \boxed{(-)}\ (\text{A})$$

图1-27 变量存储

即使按下 "AC" 键，改变计算模式，关闭计算器，变量内容仍然保持不变。

2) 清除一个特定变量的内容。按下 "0" "SHIFT" "RCL (STO)"，然后按下所需要清除内容的变量名称按键。例如：若要清除变量 A，可按下 "0" "SHIFT" "RCL (STO)" " (-) (A)"。

3) 清除所有存储器的内容。按下 "SHIFT" "9 (CLR)" "2 (Memory)" " = (YES)"，可清除答案存储器、独立存储器和所有变量的内容。

按下 "AC (Cancel)" 键，而非 " = " 键，可取消清除操作，而不做任何操作。

2 建筑构造和识图

2.1 房屋构造基本知识

2.1.1 基础

基础是结构的重要组成部分，是在建筑物地面以下承受房屋全部荷载的构件，基础形式一般取决于上部承重结构的形式和地基等形式。地基是指支承建筑物重量和作用的土层或岩层，基坑是为基础施工而在地面开挖的土坑。埋入地下的墙称为基础墙，基础墙与垫层之间做成阶梯形的砌体，称为大放脚。防潮层是为防止地下水对墙体侵蚀的一层防潮材料。如图 2-1 所示。

2.1.2 楼梯

楼梯是建筑物中连接上、下楼层房间交通的主要构件，也是出现各种灾害时人流疏散的主要通道，其位置、数量及平面形式应符合相关规范和标准的规定，并应考虑楼梯对建筑整体空间效果的影响。

（1）楼梯组成。楼梯一般由楼梯段、楼梯平台、栏杆（板）扶手三部分组成，如图 2-2 所示。

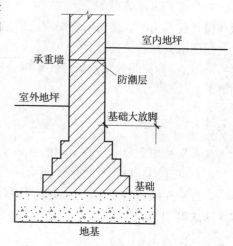

图 2-1 墙下基础与地基示意图

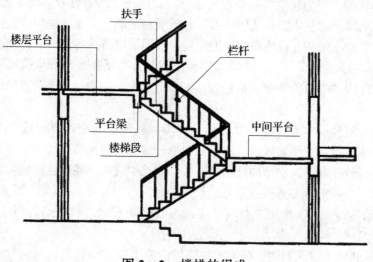

图 2-2 楼梯的组成

（2）楼梯类型。建筑中楼梯的形式多种多样，按照楼梯位置的不同分为室内楼梯和室外楼梯；按照楼梯使用性质的不同分为主要楼梯、辅助楼梯、安全楼梯和防火楼梯；按照楼梯材料的不同分为钢筋混凝土楼梯、钢楼梯、木楼梯及组合材料楼梯；按照楼梯间平面形式的不同分为开敞楼梯间、封闭楼梯间和防烟楼梯间；楼梯的形式主要是由楼梯段（又称楼梯跑）与平台的组合形式来区分的，主要有直上楼梯、曲尺楼梯、双折楼梯（又称转弯楼梯、双跑楼梯）、三折楼梯、螺旋形楼梯、弧形楼梯、有中柱的盘旋形楼梯、剪刀式和交叉式楼梯等。

2.1.3　门窗

门窗按其所处的位置不同分为围护构件或分隔构件，根据不同的设计要求分别具有保温、隔热、隔声、防水、防火等功能，新的要求节能，寒冷地区因门窗缝隙而损失的热量，占全部采暖耗热量的 25% 左右。门窗的密闭性的要求，是节能设计中的重要内容。门和窗是建筑物围护结构系统中重要的组成部分。

门和窗又是建筑造型的重要组成部分（虚实对比、韵律艺术效果，起着重要的作用），所以门和窗的形状、尺寸、比例、排列、色彩、造型等对建筑的整体造型都有很大的影响。

2.1.4　楼板层

楼板层是用来分隔建筑空间的水平承重构件，其在竖向将建筑物分成许多个楼层，可将使用荷载连同其自重有效地传递给其他的竖向支撑构件，即墙或柱，再由墙或柱传递给基础。在砖混结构建筑中，楼板层对墙体起着水平支撑作用，并且具有一定的隔声、防水、防火等功能。

2.1.5　墙体和柱

（1）墙体类型。作为建筑的重要组成部分，墙体在建筑中分布广泛。如图 2-3 所示为某宿舍楼的水平剖切立体图，从图中可以看到很多面墙，由于这些墙所处位置不同及建筑结构布置方案的不同，其在建筑中起的作用也不同。墙体的各部分名称如图 2-4 所示。

1）按墙体的承重情况分类：按墙体的承重情况分为承重墙和非承重墙两类。凡是承担建筑上部构件传来荷载的墙称为承重墙；不承担建筑上部构件传来荷载的墙称为非承重墙。

非承重墙包括自承重墙、框架填充墙、幕墙和隔墙。其中，自承重墙不承受外来荷载，其下部墙体只负责上部墙体的自重；框架填充墙是指在框架结构中，填充在框架中间的墙；幕墙是指悬挂在建筑物结构外部的轻质外墙，如玻璃幕墙、铝塑板墙等；隔墙是指仅起分隔空间、自身重量由楼板或梁分层承担的墙。

2）按砌墙材料分类：按砌墙材料的不同可以分为砖墙、砌块墙、石墙、混凝土墙、板材墙和幕墙等。

3）按墙体的施工方式和构造分类：按墙体的施工方式和构造，可以分为叠砌式、板筑式和装配式三种。其中，叠砌式是一种传统的砌墙方式，如实砌砖墙、空斗墙、砌块墙

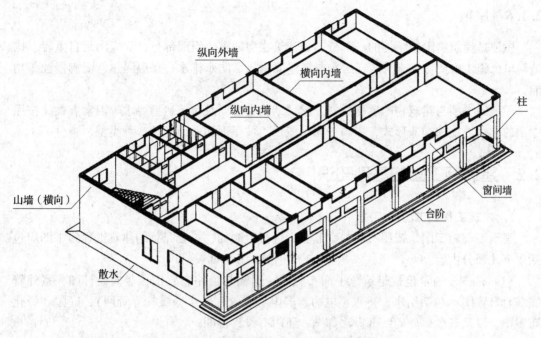

图 2 – 3 墙体的位置、作用和名称

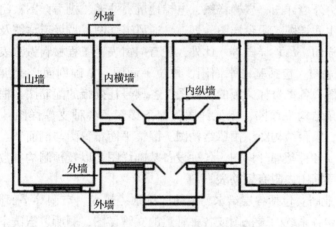

图 2 – 4 墙体的各部分名称

等；板筑式的砌墙材料往往是散状或塑性材料，依靠事先在墙体部位设置模板，然后在模板内夯实与浇筑材料而形成墙体，如夯土墙、滑模或大模板钢筋混凝土墙；装配式墙是由构件生产厂家事先制作墙体构件，在施工现场进行拼装，如大板墙、各种幕墙。

（2）柱的分类。柱是建筑物中垂直的主结构件，承托在它上方物件的重量。

1）按截面形式分：可以分为方柱、圆柱、矩形柱、工字型柱、H 形柱、T 形柱、L 形柱、十字形柱、双肢柱、格构柱。

2）按所用材料分：可以分为石柱、砖柱、砌块柱、木柱、钢柱、钢筋混凝土柱、劲性钢筋混凝土柱、钢管混凝土柱和各种组合柱。

3）按长细比分：可以分为短柱、长柱、中长柱。

2.1.6　屋顶

　　屋顶是建筑物围护结构的一部分，是建筑立面的重要组成部分，除应满足自重轻、构造简单、施工方便等要求外，还必须具备坚固耐久、防水排水、保温隔热、抵御侵蚀等功能。

　　屋顶的类型与建筑物的屋面材料、屋顶结构类型以及建筑造型要求等因素有关。按照屋顶的排水坡度和构造形式，屋顶分为平屋顶、坡屋顶和曲面屋顶三种类型。

2.2　建筑施工图的基础知识

　　1. 建筑工程施工图的组成

　　建筑工程施工图是按照不同的专业分别进行绘制的，一套完整的建筑工程施工图应包括以下几部分内容。

　　（1）总图。通常包括建筑总平面布置图，运输与道路布置图，竖向设计图，室外管线综合布置图（包括给水、排水、电力、弱电、暖气、热水、煤气等管网），庭园和绿化布置图，以及各个部分的细部做法详图；还附有设计说明。

　　（2）建筑专业图。包括个体建筑的总平面位置图，各层平面图，各向立面图，屋面平面图，剖面图，外墙详图，楼梯详图，电梯地坑、井道、机房详图，门廊门头详图，厕所、盥洗室、卫生间详图，阳台详图，烟道、通风道详图，垃圾道详图及局部房间的平面详图、地面分格详图、吊顶详图等。此外，还有门窗表，工程材料做法表和设计说明。

　　（3）结构专业图。包括基础平面图，桩位平面图，基础剖面详图，各层顶板结构平面图与剖面节点图，各型号柱梁板的模板图，各型号柱梁板的配筋图，框架结构柱梁板结构详图，屋架檩条结构平面图，屋架详图，檩条详图，各种支撑详图，平屋顶挑檐平面图，楼梯结构图，阳台结构图，雨罩结构图，圈梁平面布置图与剖面节点图，构造柱配筋图，墙拉筋详图，各种预埋件详图，各种设备基础详图，以及预制构件数量表和设计说明等。有些工程在配筋图内附有钢筋表。

　　（4）设备专业图。包括各层给水、消防、排水、热水、空调等平面图，给水、消防、排水、热水、空调各系统的透视图或各种管道的立管详图，厕所、盥洗室、卫生间等局部房间平面详图或局部做法详图，主要设备或管件统计表和设计说明等。

　　（5）电气专业图。包括各层动力、照明、弱电平面图，动力、照明系统图，弱电系统图，防雷平面图，非标准的配电盘、配电箱、配电柜详图和设计说明等。

　　上述各专业施工图的内容，仅就常出现的图纸内容列举出来，并非各单项工程都得具备这些内容，还要根据建筑工程的性质和结构类型不同来决定。例如，平屋顶建筑就没有屋架檩条结构平面图。又如，除成片建设的多项工程外，仅单项工程就可能不单独作总图。

　　2. 图纸幅面、标题栏

　　（1）图纸幅面。

　　1）图幅及图框尺寸应符合表2-1的规定及图2-5~图2-6的形式。

表 2 – 1　图幅及图框尺寸（mm）

尺寸代号＼图幅代号	A0	A1	A2	A3	A4
$b \times l$	841×1189	594×841	420×594	297×420	210×297
c		10			5
a			25		

注：表中 b 为幅面短边尺寸，l 为幅面长边尺寸，c 为图框线与幅面线间宽度，a 为图框线与装订边间宽度。

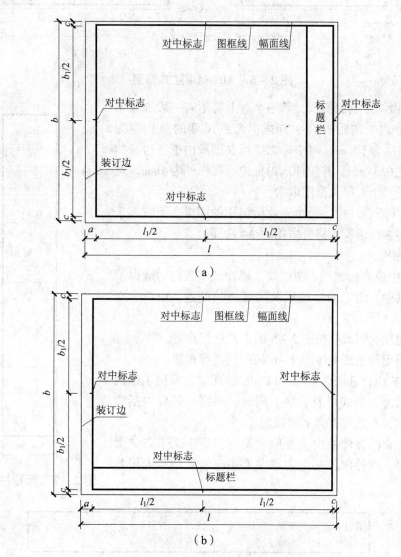

（a）

（b）

图 2 – 5　A0 ~ A3 横式幅面

装订边
对中标志
图框线
幅面线
对中标志
对中标志
标题栏
对中标志
a
l₁/2
l
l₁/2
c
b₁/2
b₁/2
c
b
标题栏

（a）（b）

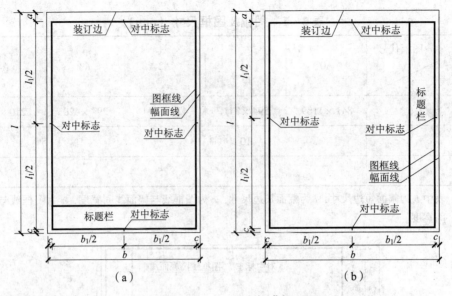

图 2－6　A0～A4 立式幅面

2）需要微缩复制的图纸，其一个边上应附有一段准确米制尺度，四个边上均附有对中标志，米制尺度的总长应为100mm，分格应为10mm。对中标志应画在图纸内框各边长的中点处，线宽0.35mm，并应伸入内框边，在框外为5mm。对中标志的线段，于 l_1 和 b_1 范围取中。

3）一个工程设计中，每个专业所使用的图纸，不宜多于两种幅面，不含目录及表格所采用的 A4 幅面。

（2）标题栏。

1）图纸中应有标题栏、图框线、幅面线、装订边线以及对中标志。其中，图纸的标题栏及装订边的位置，应符合以下规定：

①横式使用的图纸应按图 2－5 的形式进行布置。

②立式使用的图纸应按图 2－6 的形式进行布置。

2）标题栏应符合图 2－7、图 2－8 的规定，根据工程的需要确定其尺寸、格式以及分区。同时，签字栏还应包括实名列和签名列，并且应符合下列规定：

①涉外工程的标题栏内，各项主要内容的中文下方应附有译文，同时，设计单位的上方或左方还应加“中华人民共和国”字样。

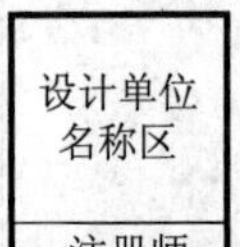

设计单位名称区
注册师签章区
项目经理签章区
修改记录区
工程名称区
图号区
签字区
会签栏
40~70

图 2－7　标题栏（一）

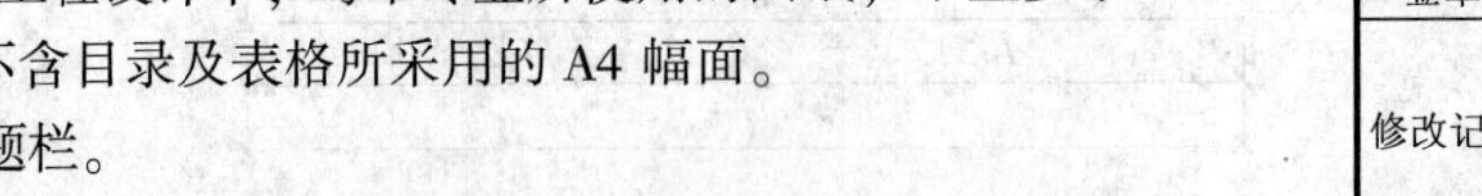

30~50
设计单位名称区
注册师签章区
项目经理签章区
修改记录区
工程名称区
图号区
签字区
会签栏

图 2－8　标题栏（二）

②当在计算机制图文件中使用电子签名与认证时，应符合国家有关电子签名法的规定。

3. 图线

（1）图线。工程建设制图应选用的图线见表2－2。

表2－2　图　　线

名　　称		线　型	线宽	用　　途
实线	粗		b	主要可见轮廓线
	中粗		$0.7b$	可见轮廓线
	中		$0.5b$	可见轮廓线、尺寸线、变更云线
	细		$0.25b$	图例填充线、家具线
虚线	粗		b	见各有关专业制图标准
	中粗		$0.7b$	不可见轮廓线
	中		$0.5b$	不可见轮廓线、图例线
	细		$0.25b$	图例填充线、家具线
单点长画线	粗		b	见各有关专业制图标准
	中		$0.5b$	见各有关专业制图标准
	细		$0.25b$	中心线、对称线、轴线等
双点长画线	粗		b	见各有关专业制图标准
	中		$0.5b$	见各有关专业制图标准
	细		$0.25b$	假想轮廓线、成型前原始轮廓线
折断线	细		$0.25b$	断开界线
波浪线	细		$0.25b$	断开界线

（2）线宽。

1）图线的宽度 b，宜从1.4、1.0、0.7、0.5、0.35、0.25、0.18、0.13（mm）线宽系列中选取。图线宽度不应小于0.1mm。每个图样，首先应根据复杂程度与比例大小，选定基本线宽 b，然后再选用相应的线宽组，见表2－3。

表2－3　线宽组（mm）

线　宽　比	线　宽　组			
b	1.4	1.0	0.7	0.5
$0.7b$	1.0	0.7	0.5	0.35
$0.5b$	0.7	0.5	0.35	0.25
$0.25b$	0.35	0.25	0.18	0.13

注：1. 需要缩微的图纸，不宜采用0.18mm及更细的线宽。

　　2. 同一张图纸内，各不同线宽中的细线，可统一采用较细的线宽组的细线。

2）在同一张图纸内，相同比例的各图样，应选用相同的线宽组。

4．字体

1）图样及说明中的汉字，宜采用长仿宋体或黑体，同一图纸字体种类不应超过两种。长仿宋体的高宽关系应符合表2－4的规定，黑体字的宽度与高度应相同。大标题、图册封面、地形图等的汉字，也可书写成其他字体，但应易于辨认。

表2－4　长仿宋字高宽关系（mm）

字高	20	14	10	7	5	3.5
字宽	14	10	7	5	3.5	2.5

2）图样及说明中的拉丁字母、阿拉伯数字与罗马数字，宜采用单线简体或ROMAN字体。拉丁字母、阿拉伯数字与罗马数字的书写规则，应符合表2－5的规定。

表2－5　拉丁字母、阿拉伯数字与罗马数字的书写规则

书 写 格 式	字　体	窄 字 体
大写字母高度	h	h
小写字母高度（上下均无延伸）	$7/10h$	$10/14h$
小写字母伸出的头部或尾部	$3/10h$	$4/14h$
笔画宽度	$1/10h$	$1/14h$
字母间距	$2/10h$	$2/14h$
上下行基准线的最小间距	$15/10h$	$21/14h$
词间距	$6/10h$	$6/14h$

3）长仿宋汉字、拉丁字母、阿拉伯数字与罗马数字示例应符合现行国家标准《技术制图　字体》GB/T 14691—1993 的有关规定。

5．比例

工程制图中，为了满足各种图样表达的需要，有些需要缩小绘制在图纸上，有些又需要放大绘制在图纸上，因此，必须对缩小和放大的比例作出规定。

图样的比例，应为图形与实物相对应的线性尺寸之比。比例宜注写在图名的右侧，字的基准线应取平，且比例的字高宜比图名的字高小一号或二号，如图2－9所示。

平面图　1：100　　　⑥1：20

图2－9　比例的注写

绘图所用的比例应根据图样的用途与被绘对象的复杂程度，从表2－6中选用，并且应当优先采用表中常用比例。

表 2 - 6　园林图样常用的比例

图 纸 类 别	常 用 比 例
详图	1:1、1:2、1:4、1:5、1:10、1:20、1:30、1:50
道路绿化图	1:50、1:100、1:150、1:200、1:250、1:300
小游园规划图	1:50、1:100、1:150、1:200、1:250、1:300
居住区绿化图	1:100、1:200、1:300、1:400、1:500、1:1000
公园规划图	1:500、1:1000、1:2000

6. 尺寸标注

（1）尺寸界线、尺寸线及尺寸起止符号。

1）图样上的尺寸，应包括尺寸界线、尺寸线、尺寸起止符号和尺寸数字（图 2 - 10）。

2）尺寸界线应用细实线绘制，应与被注长度垂直，其一端应离开图样轮廓线不应小于 2mm，另一端宜超出尺寸线 2mm ~ 3mm。图样轮廓线可用作尺寸界线（图 2 - 11）。

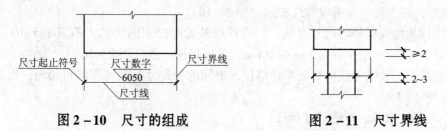

图 2 - 10　尺寸的组成　　　　　图 2 - 11　尺寸界线

3）尺寸线应用细实线绘制，应与被注长度平行。图样本身的任何图线均不得用作尺寸线。

4）尺寸起止符号用中粗斜短线绘制，其倾斜方向应与尺寸界线成顺时针 45°角，长度宜为 2mm ~ 3mm。半径、直径、角度与弧长的尺寸起止符号，宜用箭头表示（图 2 - 12）。

（2）尺寸数字。

1）图样上的尺寸，应以尺寸数字为准，不得从图上直接量取。

2）图样上的尺寸单位，除标高及总平面以米为单位外，其他必须以毫米为单位。

3）尺寸数字的方向，应按图 2 - 13（a）的规定注写。若尺寸数字在 30°斜线区内，也可按图 2 - 13（b）的形式注写。

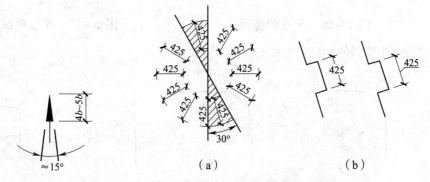

（a）　　　　　　　　（b）

图 2 - 12　箭头尺寸起止符号　　图 2 - 13　尺寸数字的注写方向

4）尺寸数字应依据其方向注写在靠近尺寸线的上方中部。如没有足够的注写位置，最外边的尺寸数字可注写在尺寸界线的外侧，中间相邻的尺寸数字可上下错开注写，引出线端部用圆点表示标注尺寸的位置（图2-14）。

（3）尺寸的排列与布置。

1）尺寸宜标注在图样轮廓以外，不宜与图线、文字及符号等相交（图2-15）。

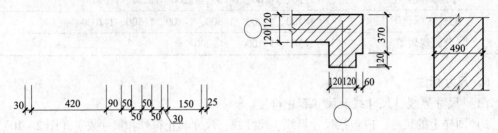

图2-14 尺寸数字的注写位置　　图2-15 尺寸数字的注写

2）互相平行的尺寸线，应从被注写的图样轮廓线由近向远整齐排列，较小尺寸应离轮廓线较近，较大尺寸应离轮廓线较远（图2-16）。

3）图样轮廓线以外的尺寸界线，距图样最外轮廓之间的距离，不宜小于10mm。平行排列的尺寸线的间距，宜为7mm～10mm，并应保持一致（图2-16）。

4）总尺寸的尺寸界线应靠近所指部位，中间的分尺寸的尺寸界线可稍短，但其长度应相等（图2-16）。

（4）半径、直径、球的尺寸标注。

1）半径的尺寸线应一端从圆心开始，另一端画箭头指向圆弧。半径数字前应加注半径符号"*R*"（图2-17）。

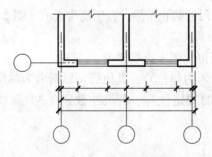
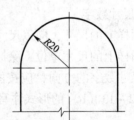

图2-16 尺寸的排列　　　　图2-17 半径标注方法

2）较小圆弧的半径，可按图2-18形式标注。

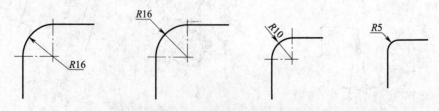

图2-18 小圆弧半径的标注方法

3）较大圆弧的半径，可按图2-19形式标注。

图2-19　大圆弧半径的标注方法

4）标注圆的直径尺寸时，直径数字前应加直径符号"φ"。在圆内标注的尺寸线应通过圆心，两端画箭头指至圆弧（图2-20）。

5）较小圆的直径尺寸，可标注在圆外（图2-21）。

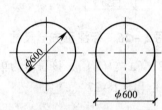
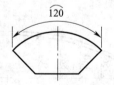

图2-20　圆直径的标注方法　　**图2-21　小圆直径的标注方法**

6）标注球的半径尺寸时，应在尺寸前加注符号"SR"。标注球的直径尺寸时，应在尺寸数字前加注符号"Sφ"。注写方法与圆弧半径和圆直径的尺寸标注方法相同。

（5）角度、弧度、弧长的标注。

1）角度的尺寸线应以圆弧表示。该圆弧的圆心应是该角的顶点，角的两条边为尺寸界线。起止符号应以箭头表示，如没有足够位置画箭头，可用圆点代替，角度数字应沿尺寸线方向注写（图2-22）。

2）标注圆弧的弧长时，尺寸线应以与该圆弧同心的圆弧线表示，尺寸界线应指向圆心，起止符号用箭头表示，弧长数字上方应加注圆弧符号"⌒"（图2-23）。

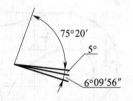

图2-22　角度标注方法　　**图2-23　弧长标注方法**

3）标注圆弧的弦长时，尺寸线应以平行于该弦的直线表示，尺寸界线应垂直于该弦，起止符号用中粗斜短线表示（图2-24）。

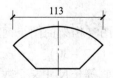

图2-24　弦长标注方法

（6）薄板厚度、正方形、坡度、非圆曲线等尺寸标注。

1）在薄板板面标注板厚尺寸时，应在厚度数字前加厚度符号"t"（图 2-25）。

2）标注正方形的尺寸，可用"边长×边长"的形式，也可在边长数字前加正方形符号"□"（图 2-26）。

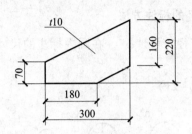

图 2-25 薄板厚度标注方法

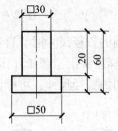

图 2-26 标注正方形尺寸

3）标注坡度时，应加注坡度符号"←"［图 2-27（a）、（b）］，该符号为单面箭头，箭头应指向下坡方向。坡度也可用直角三角形形式标注［图 2-27（c）］。

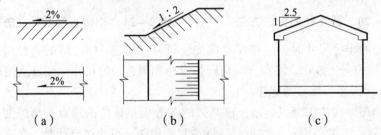

（a） （b） （c）

图 2-27 坡度标注方法

4）外形为非圆曲线的构件，可用坐标形式标注尺寸（图 2-28）。

5）复杂的图形，可用网格形式标注尺寸（图 2-29）。

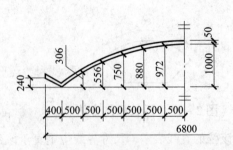

图 2-28 坐标法标注曲线尺寸

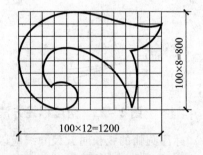

图 2-29 网格法标注曲线尺寸

（7）尺寸的简化标注。

1）杆件或管线的长度，在单线图（桁架简图、钢筋简图、管线简图）上，可直接将尺寸数字沿杆件或管线的一侧注写（图 2-30）。

2）连续排列的等长尺寸，可用"等长尺寸×个数＝总长"［图 2-31（a）］或"等分×个数＝总长"［图 2-31（b）］的形式标注。

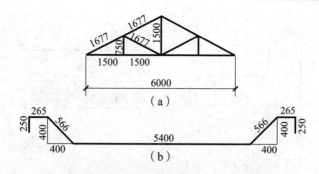

图 2 - 30 单线图尺寸标注方法

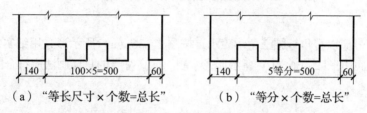

图 2 - 31 等长尺寸简化标注方法

3）构配件内的构造因素（如孔、槽等）如相同，可仅标注其中一个要素的尺寸（图 2 - 32）。

4）对称构配件采用对称省略画法时，该对称构配件的尺寸线应略超过对称符号，仅在尺寸线的一端画尺寸起止符号，尺寸数字应按整体全尺寸注写，其注写位置宜与对称符号对齐（图 2 - 33）。

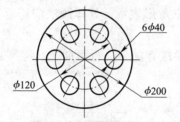

图 2 - 32 相同要素尺寸标注方法

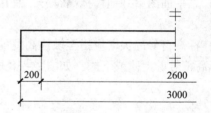

图 2 - 33 对称构件尺寸标注方法

5）两个构配件，如个别尺寸数字不同，可在同一图样中将其中一个构配件的不同尺寸数字注写在括号内，该构配件的名称也应注写在相应的括号内（图 2 - 34）。

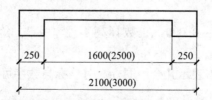

图 2 - 34 相似构件尺寸标注方法

6）数个构配件，如仅某些尺寸不同，这些有变化的尺寸数字，可用拉丁字母注写在同一图样中，另列表格写明其具体尺寸（图 2 - 35）。

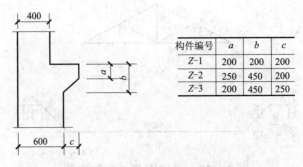

图 2 - 35　相似构配件尺寸表格式标注方法

（8）标高。

1）标高符号应以直角等腰三角形表示，按图 2 - 36（a）所示形式用细实线绘制，当标注位置不够，也可按图 2 - 36（b）所示形式绘制。标高符号的具体画法应符合图 2 - 36（c）、（d）的规定。

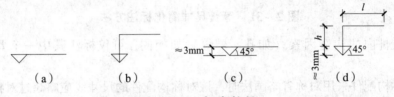

图 2 - 36　标高符号

l—取适当长度注写标高数字；*h*—根据需要取适当高度

2）总平面图室外地坪标高符号，宜用涂黑的三角形表示，具体画法应符合图 2 - 37 的规定。

3）标高符号的尖端应指至被注高度的位置。尖端宜向下，也可向上。标高数字应注写在标高符号的上侧或下侧，如图 2 - 38 所示。

图 2 - 37　总平面图室外地坪标高符号 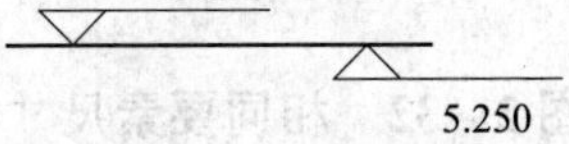　　　　**图 2 - 38　标高的指向**

4）标高数字应以米为单位，注写到小数点以后第三位。在总平面图中，可注写到小数字点以后第二位。

5）零点标高应注写成 ± 0.000，正数标高不注"+"，负数标高应注"-"，例如 3.000、- 0.600。

6）在图样的同一位置需表示几个不同标高时，标高数字可按图 2 - 39 的形式注写。

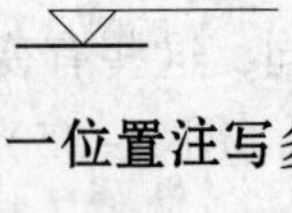

$$
\begin{array}{c}
9.600 \\
6.400 \\
3.200 \\
\hline
\end{array}
$$

图 2 - 39　同一位置注写多个标高数字

7. 指北针与风玫瑰图

指北针一般用细实线绘制，其形状如图 2-40 所示。

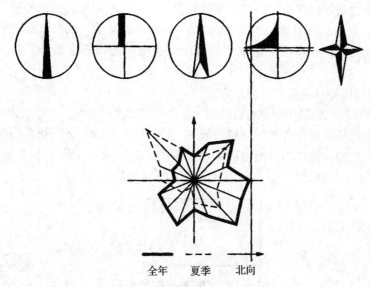

全年　夏季　北向

图 2-40　指北针与风玫瑰图

风玫瑰图是指根据某一地区气象台观测的风气象资料绘制出的图形，分为风向玫瑰图和风速玫瑰图两种，通常多采用风向玫瑰图。

风向玫瑰图表示风向和风向的频率。风向频率是在一定时间内各种风向出现的次数占所有观察次数的百分比。根据各方向风的出现频率，以相应的比例长度，按风向中心吹，描在用 8 个或 16 个方所表示的图上，然后将各相邻方向的端点用直线连接起来，绘成一个形式宛如玫瑰的闭合折线，就是风玫瑰图。图中线段最长者即为当地主导风向，粗实线表示全年风频情况，虚线表示夏季风频情况。

8. 符号

（1）剖切符号。

1）剖视的剖切符号应由剖切位置线及剖视方向线组成，均应以粗实线绘制。剖视的剖切符号应符合下列规定：

①剖切位置线的长度宜为 6mm～10mm；剖视方向线应垂直于剖切位置线，长度应短于剖切位置线，宜为 4mm～6mm（图 2-41），也可采用国际统一和常用的剖视方法，如图 2-42 所示。绘制时，剖视剖切符号不应与其他图线相接触。

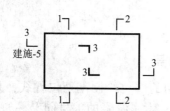

图 2-41　剖视的剖切符号（一）

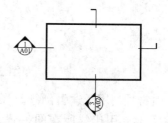

图 2-42　剖视的剖切符号（二）

②剖视剖切符号的编号宜采用粗阿拉伯数字，按剖切顺序由左至右、由下向上连续编排，并应注写在剖视方向线的端部。

③需要转折的剖切位置线，应在转角的外侧加注与该符号相同的编号。

④建（构）筑物剖面图的剖切符号应注在 ±0.000 标高的平面图或首层平面图上。

⑤局部剖面图（不含首层）的剖切符号应注在包含剖切部位的最下面一层的平面图上。

2）断面的剖切符号应符合下列规定：

①断面的剖切符号应只用剖切位置线表示，并应以粗实线绘制，长度宜为 6mm ~ 10mm。

②断面剖切符号的编号宜采用阿拉伯数字，按顺序连续编排，并应注写在剖切位置线的一侧；编号所在的一侧应为该断面的剖视方向，如图 2 - 43 所示。

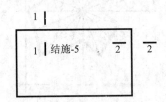

图 2 - 43　断面的剖切符号

3）剖面图或断面图，当与被剖切图样不在同一张图内，应在剖切位置线的另一侧注明其所在图纸的编号，也可以在图上集中说明。

（2）索引符号与详图符号。

1）图样中的某一局部或构件，如需另见详图，应以索引符号索引，如图 2 - 44（a）所示。索引符号是由直径为 8mm ~ 10mm 的圆和水平直径组成，圆及水平直径应以细实线绘制。索引符号应按下列规定编写：

①索引出的详图，如与被索引的详图同在一张图纸内，应在索引符号的上半圆中用阿拉伯数字注明该详图的编号，并在下半圆中间画一段水平细实线，如图 2 - 44（b）所示。

②索引出的详图，如与被索引的详图不在同一张图纸内，应在索引符号的上半圆中用阿拉伯数字注明该详图的编号，在索引符号的下半圆用阿拉伯数字注明该详图所在图纸的编号，如图 2 - 44（c）所示。数字较多时，可加文字标注。

③索引出的详图，如采用标准图，应在索引符号水平直径的延长线上加注该标准图集的编号，如图 2 - 44（d）所示。需要标注比例时，文字在索引符合右侧或延长线下方，与符号下对齐。

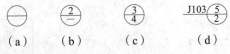

图 2 - 44　索引符号

2）索引符号当用于索引剖视详图，应在被剖切的部位绘制剖切位置线，并以引出线引出索引符号，引出线所在的一侧应为剖视方向，索引符号的编号同上，如图 2 - 45 所示。

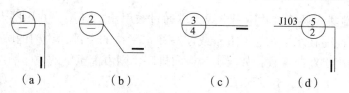

图 2 – 45　用于索引剖面详图的索引符号

3）零件、钢筋、杆件、设备等的编号宜以直径为 5mm ~ 6mm 的细实线圆表示，同一图样应保持一致，其编号应用阿拉伯数字按顺序编写，如图 2 – 46 所示。消火栓、配电箱、管井等的索引符号，直径宜为 4mm ~ 6mm。

图 2 – 46　零件、钢筋等的编号

4）详图的位置和编号应以详图符号表示。详图符号的圆应以直径为 14mm 的粗实线绘制。详图编号应符合下列规定：

①详图与被索引的图样同在一张图纸内时，应在详图符号内用阿拉伯数字注明该详图的编号。

②详图与被索引的图样不在同一张图纸内时，应用细实线在详图符号内画一水平直径，在上半圆中注明详图编号，在下半圆中注明被索引的图纸的编号，如图 2 – 47 所示。

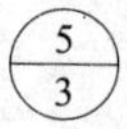

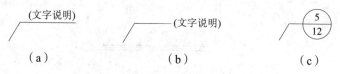

图 2 – 47　与被索引图样不在同一张图纸内的详图符号

（3）引出线。

1）引出线应以细实线绘制，宜采用水平方向的直线、与水平方向成 30°、45°、60°、90°的直线，或经上述角度再折为水平线。文字说明宜注写在水平线的上方，如图 1 – 48（a）所示，也可注写在水平线的端部，如图 2 – 48（b）所示。索引详图的引出线，应与水平直径线相连接，如图 2 – 48（c）所示。

图 2 – 48　引出线

2）同时引出的几个相同部分的引出线，宜互相平行，如图 2 – 49（a）所示，也可画成集中于一点的放射线，如图 2 – 49（b）所示。

（文字说明）　　　　　　（文字说明）

（a）　　　　　　　　　（b）

图 2 – 49　共用引出线

3）多层构造或多层管道共用引出线，应通过被引出的各层，并用圆点示意对应各层次。文字说明宜注写在水平线的上方，或注写在水平线的端部，说明的顺序应由上至下，并应与被说明的层次对应一致；如层次为横向排序，则由上至下的说明顺序应与由左至右的层次对应一致，如图2-50所示。

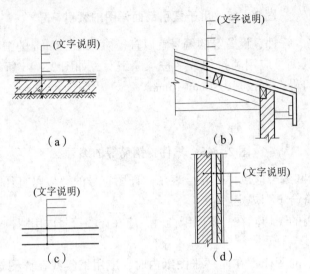

图2-50　多层共用引出线

9. 定位轴线及编号

（1）定位轴线应用细单点长画线绘制。

（2）定位轴线应编号，编号应注写在轴线端部的圆内。圆应用细实线绘制，直径为8mm～10mm。定位轴线圆的圆心应在定位轴线的延长线上或延长线的折线上。

（3）除较复杂需采用分区编号或圆形、折线形外，平面图上定位轴线的编号，宜标注在图样的下方或左侧。横向编号应用阿拉伯数字，从左至右顺序编写；竖向编号应用大写拉丁字母，从下至上顺序编写，如图2-51所示。

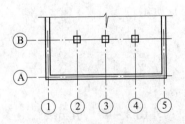

图2-51　定位轴线的编号顺序

（4）拉丁字母作为轴线号时，应全部采用大写字母，不应用同一个字母的大小写来区分轴线号。拉丁字母的I、O、Z不得用做轴线编号。当字母数量不够使用，可增用双字母或单字母加数字注脚。

（5）组合较复杂的平面图中定位轴线也可采用分区编号（图2-52）。编号的注写形式应为"分区号——该分区编号"。"分区号——该分区编号"采用阿拉伯数字或大写拉丁字母表示。

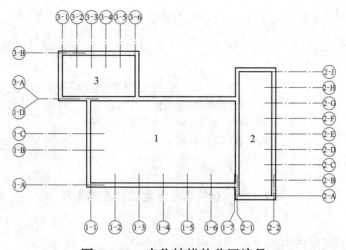

图 2-52　定位轴线的分区编号

（6）附加定位轴线的编号，应以分数形式表示，并应符合下列规定：

1）两根轴线的附加轴线，应以分母表示前一轴线的编号，分子表示附加轴线的编号。编号宜用阿拉伯数字顺序编写。

2）1号轴线或A号轴线之前的附加轴线的分母应以01或0A表示。

（7）一个详图适用于几根轴线时，应同时注明各有关轴线的编号，如图2-53所示。

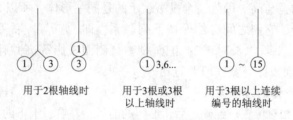

图 2-53　详图的轴线编号

（8）通用详图中的定位轴线，应只画圆，不注写轴线编号。

（9）圆形与弧形平面图中的定位轴线，其径向轴线应以角度进行定位，其编号宜用阿拉伯数字表示，从左下角或 -90°（若径向轴线很密，角度间隔很小）开始，按逆时针顺序编写；其环向轴线宜用大写阿拉伯字母表示，从外向内顺序编写，如图2-54、图2-55所示。

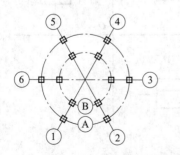

图 2-54　圆形平面定位轴线的编号

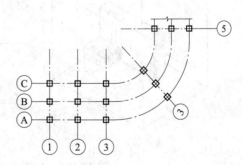

图 2-55　弧形平面定位轴线的编号

（10）折线形平面图中定位轴线的编号可按图2-56的形式编写。

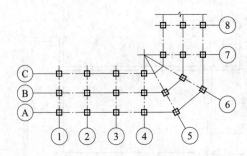

图2-56　折线形平面定位轴线的编号

2.3　三面投影的规律

1. 三面投影的位置关系

以正面投影为基准，水平投影位于其正下方，侧面投影位于正右方，如图2-57所示。

2. 三面投影的"三等"关系

我们把 OX 轴向尺寸称为"长"，OY 轴向尺寸称为"宽"，OZ 轴向尺寸称为"高"。从图2-57所示中可以看出，水平投影反映形体的长与宽，正面投影反映形体的长与高，侧面投影反映形体的宽与高。因为三个投影表示的是同一形体，所以无论是整个形体，或者是形体的某一部分，它们之间必然保持下列联系，即"三等"关系：水平投影与正面投影等长并且要对正，即"长对正"；正面投影与侧面投影等高并且要平齐，即"高平齐"；水平投影与侧面投影等宽，即"宽相等"。

3. 三面投影与形体的方位关系

形体对投影面的相对位置一经确定后，形体的前后、左右、上下的方位关系就反映在三面投影图上。由图2-57所示中可以看出，水平投影反映形体的前后和左右的方位关系；正面投影反映形体的左右和上下的方位关系；侧面投影反映形体的前后和上下的方位关系。

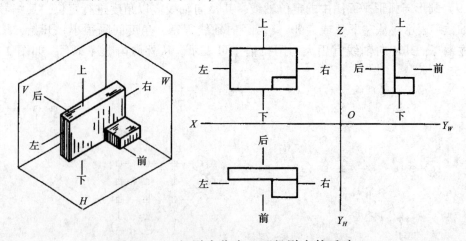

图2-57　投影方位在三面投影上的反映

3　测量操作技能

3.1　测量仪器及设备的使用

3.1.1　水准器

大地水准面和铅垂线分别是测量工作的基准面和基准线，而水准器是用来整平仪器的一种装置，它用来指示仪器的水平视线是否水平，竖轴是否铅直，之后仪器才能提供水平线和铅垂线。任何专业测量仪器都是以此为基础的。

水准器有管水准器和圆水准器两种。

1. 管水准器

管水准器又叫水准管，它用于精确整平仪器。

管水准器是一个纵剖面方向的内壁磨成弧面的玻璃管，管内装入酒精和乙醚的混合液，加热融封，冷却后留有一个气泡，如图 3-1 所示。因为气泡较轻，它总是处于管内最高位置。

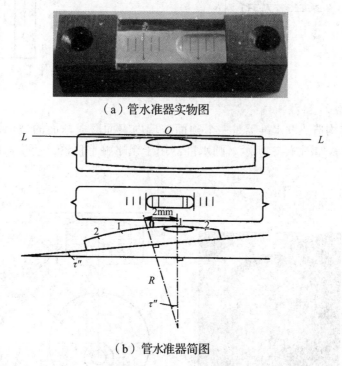

（a）管水准器实物图

（b）管水准器简图

图 3-1　管水准器

管水准器管面上通常刻有间隔 2mm 的分划线，管面中心即分划线的中点 O，称为水准管零点。过零点作与圆弧相切的纵向切线 LL 称为水准管轴。当水准管气泡中心与水准管零点重合时，称为气泡居中，这时水准管轴处于水平位置。如果水准管轴与视准轴平行，当水准管气泡居中时，视准轴也处于水平位置，则仪器视线即为水平视线。

水准管相邻分划线间的圆弧所对应的圆心角 τ'' 称为水准管分划值。

$$\tau'' = \frac{2}{R}\rho'' \qquad\qquad (3-1)$$

式中：R——水准管圆弧半径（mm）；

ρ''——弧度秒值，206265″。

由此可见，圆弧半径愈大，水准管分划愈小，水准管灵敏度愈高，用其整平仪器的精度也愈高。

现在用的管水准器均在其水准管上方设置一组棱镜，通过内部的折光作用，我们可以从望远镜旁边的小孔中看到气泡两端的影像，并按照影像的符合情况判断仪器是否处于水平状态。若两侧的半抛物线重合为一条完整的抛物线，说明气泡居中，否则需要调节。这种水准器便是符合水准器，如图 3-2 所示，是微倾式水准仪上普遍采用的水准器。

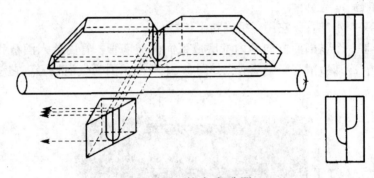

图 3-2 符合水准器

2. 圆水准器

（1）外形与构造。圆水准器是一个顶面玻璃内表面磨成球面的玻璃圆盒，内部也含有混合液及气泡，如图 3-3 所示。圆水准器用于粗略整平仪器，使仪器的竖轴处于铅垂位置。

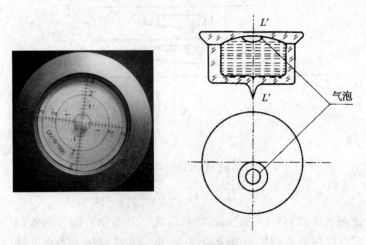

图 3-3 圆水准器

圆水准器球面中央刻有一小圆圈，其圆心称为圆水准器零点。过零点的球面法线 $L'L'$，称为圆水准器轴。当圆水准器气泡位于圆圈中央即气泡居中时，圆水准器轴处于铅垂位置。如果这时圆水准器轴与仪器竖轴平行，则仪器竖轴也处于铅垂位置。

当气泡不居中，气泡中心偏离零点 2mm 时竖轴所倾斜的角值，称为圆水准器的分划值，通常为 $(8'\sim10')/2mm$，圆水准器精度较低，因此只用于仪器的粗略整平。

（2）检验与校正。如图 3-4（a）所示，旋转脚螺旋使水准器气泡居中，然后将仪器绕竖轴旋转 180°。当圆水准器气泡居中时，圆水准器轴处于铅垂位置。假设圆水准器轴与竖轴不平行，且偏移 α 角，那么竖轴与铅垂位置也偏差 α 角。

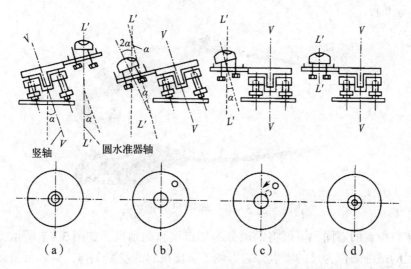

竖轴　　　　　圆水准器轴

（a）　　　　（b）　　　　（c）　　　　（d）

图 3-4　圆水准器轴平行于仪器数轴的检验与校正

将仪器绕竖轴旋转 180°，如图 3-4（b）所示，圆水准器转到竖轴的左面，圆水准器轴并不铅垂，而是与铅垂线偏差 2α 角。

检验最终目的：使圆水准器轴 $L'L'$ 平行于仪器的竖轴 VV。

1）校正时，先调整脚螺旋，使气泡向零点方向移动偏离值的一半，如图 3-4（c）所示，竖轴处于铅垂位置。

2）旋松圆水准器底部的固定螺钉，用校正拨动三个校正螺钉，使气泡居中，如图 3-5 所示。此时，圆水准器轴平行于仪器竖轴且处于铅垂位置，如图 3-4（d）所示。

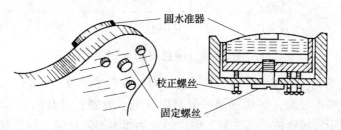

圆水准器

校正螺丝

固定螺丝

图 3-5　圆水准器校正螺钉

此校正需反复进行，直至仪器旋转到任何位置时，圆水准器气泡皆居中为止，最后旋紧固定螺钉。

3.1.2 钢尺及量距其他工具

1. 钢尺

钢尺是由薄钢片制成的带状尺，可以卷入金属圆盒内，又称钢卷尺。钢尺性脆、易折断、易生锈，所以使用时要避免扭折、防止受潮。因为钢尺抗拉强度高，不容易拉伸，所以量距精度较高。

（1）外形及规格。钢尺是由薄钢制成的带状尺，可卷放在圆盘形的尺壳内或卷放在金属尺架上，如图 3-6 所示。尺的宽度 10mm~15mm，厚度约 0.4mm，长度有 20m、30m、50m 等几种。

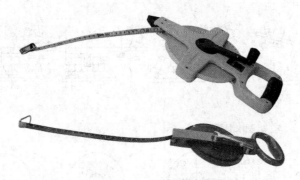

图 3-6 卷钢尺外形

按照零点位置的不同，可以将钢尺分为端点尺和刻划尺，如图 3-7 所示，其中，端点尺是以尺的最外端作为尺的零点，它方便于从墙根起的量距工作，刻划尺是以尺前端的一刻划尺作为尺的零点，其量距精度比较高。

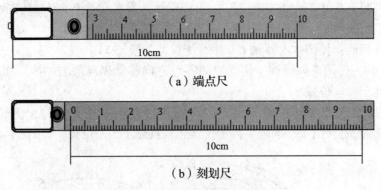

（a）端点尺

（b）刻划尺

图 3-7 端点尺和刻划尺

（2）钢尺的分划。钢尺的分划有好几种，有的以厘米为基本分划，适用于一般量距；有的也以厘米为基本分划，但尺端第一分类内有毫米分划；也有的全部以毫米以基本分划。后两种适用于较精密的距离丈量。钢尺的分米和米的分划线上都有数字注记。

（3）钢尺的特点及应用。钢尺抗拉强度高、不容易拉伸，简单又经济，且测距的精度可达到 1/4000~1/1000，精密测距的精度可达到 1/40000~1/10000，适合于平坦地区的距离测量。但钢尺性脆、容易折断、易生锈，使用时注意避免扭折及受潮。

2. 标杆

标杆多用木料或铝合金制成，直径约 3cm，全长有 2m、2.5m 及 3m 等几种规格。杆上涂装成红白相间的 20cm 色段，非常醒目，标杆下端装有尖头铁脚，如图 3-8 所示，便于插入地面，作为照准标志。

3. 测钎

测钎通常用钢筋制成，上部弯成小圆环，下部磨尖，直径为 3mm~6mm，长度为 30cm~40cm。钎上可用涂料涂成红白相间的色段。通常 6 根或 11 根系成一组，如图 3-9 所示。量距时，将测钎插入地面，用以标定尺端点的位置，还可作为近处目标的瞄准标志。

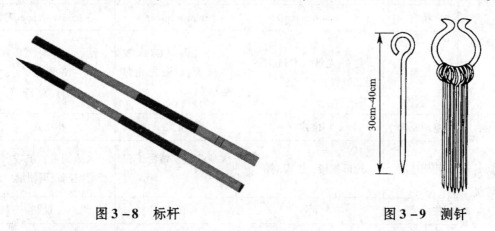

图 3-8 标杆 　　　　　　　　　图 3-9 测钎

4. 钢尺量距用其他辅助工具

钢尺量距用辅助量距工具外，还有垂球、弹簧秤、温度计等，如图 3-10 所示。测量时，垂球用在斜坡上的投点，弹簧秤用来施加检定时标准拉力，以确保尺长的稳定。温度计用于测定量距时的温度，以便对钢尺丈量的距离进行温度校正。

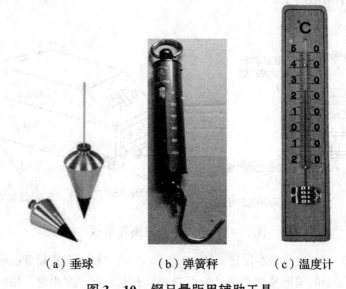

（a）垂球　　　　　（b）弹簧秤　　　　　（c）温度计

图 3-10 钢尺量距用辅助工具

5. 光电测距仪

（1）种类。光电测距仪按其测程可分为短程光电测距仪（3km 以内）、中程光电测距仪（3km～15km）和远程光电测距仪（大于 15km），见表 3-1；按照其采用的光源可分为激光测距仪和红外测距仪等。

表 3-1 光电测距仪测程分类与技术等级

仪器种类		短程光电测距仪	中程光电测距仪	远程光电测距仪
测程分类	测程（km）	< 3	3～15	> 15
	精度	±(5mm+5ppm$D$)	±(5mm+2ppm$D$)	±(5mm+1ppm$D$)
	光源	红外光源（GaAs 发光二极管）	红外光源（GaAs 发光二极管）、激光光源（激光管）	He-Ne 激光器
技术等级	测距原理	相位式	相位式	相位式
	使用范围	地形测量，工程测量	大地测量，精密工程测量	大地测量，航空、制导等空间距离测量
	技术等级	Ⅰ	Ⅱ	Ⅲ
	精度（mm）	< 5	5～10	11～20

（2）红外测距仪。

1）主机。由发射镜、接收镜、显示窗、键盘等构成。键盘上的按键具有双功能或多功能，如图 3-11 所示。

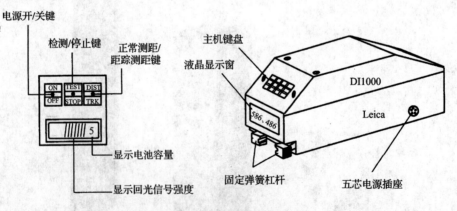

图 3-11 DI1000 的操作面板

2）反射棱镜。DI 系列测距仪有 1 块、3 块和 11 块三种反射棱镜架，分别用于不同距离的测量。棱镜架中的圆形棱镜是活动的可以从架上取下来。测距时，用经纬仪望远镜照准各种反射棱镜的位置，如图 3-12 所示。DI1000 测距仪只用到 1 块和 3 块两种棱镜架，当所测距离小于 800m 时，使用 1 块棱镜；当所测距离大于 800m 时，使用 3 块棱镜。圆形棱镜的加常数为 0。

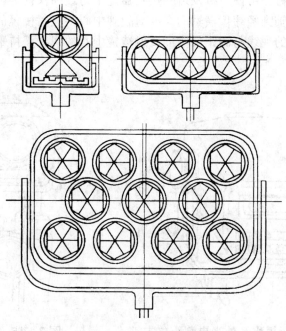

图 3 – 12　反射棱镜组

3）附加键盘。DI1000 可直接连接电池，利用主机上的键盘进行测距操作，也可将图 3 – 13 所示的附加键盘串联在测距头与电池之间进行工作。附加键盘上共有 15 个按键，每个按键也具有双功能或多功能。

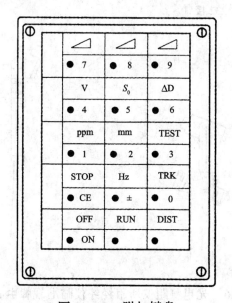

图 3 – 13　附加键盘

（3）构造。D2000 短程红外光电测距仪主机如图 3－14 所示，主机通过连接器安置在经纬仪的上部，如图 3－15 所示，经纬仪可以是普通光学经纬仪，也可以是电子经纬仪。利用光轴调节螺钉，可使主机发射－接收器光轴与经纬仪视准轴位于同一竖直平面内。此外，测距仪横轴到经纬仪横轴的高度与觇牌中心到反射棱镜的高度一致，从而使经纬仪瞄准觇牌中心的视线与测距仪瞄准反射棱镜中心的视线保持平行，如图 3－16 所示。

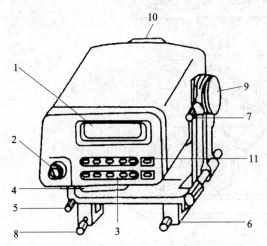

图 3－14　D2000 短程红外光电测距仪主机

1—显示窗；2—望远镜目镜；3—键盘；4—电池；

5—照准轴水平调整手轮；6—座架；

7—俯仰调整手轮；8—座架固定手轮；

9—俯仰固定手轮；10—物镜；

11—RS－232 接口

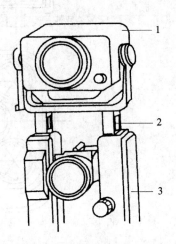

图 3－15　光电测距仪与
经纬仪连接图

1—测距仪；2—支架；3—经纬仪

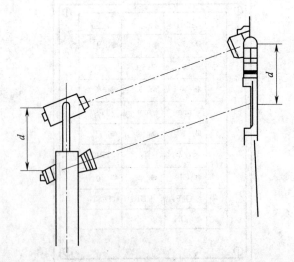

图 3－16　光电测距仪所用经纬仪瞄准觇牌中心视线
与测距仪瞄准反射棱镜中心视线平行图

配合主机测距的反射棱镜如图3-17所示，按照距离远近，可选用单棱镜（1500m内）或三棱镜（2500m以内），棱镜安置在三脚架上，根据光学对中器和长水准管进行对中整平。

D2000短程红外光电测距仪的主要技术指标及功能如下：

1）D2000短程红外光电测距仪的最大测程为2500m，测距精度可达 $\pm(3\text{mm}+2\times10^{-6}\times D)$（其中 D 为所测距离）。

2）最小读数为1mm；仪器设有自动光强调节装置，在复杂环境下测量时可人工调节光强。

3）可输入温度、气压和棱镜常数自动对结果进行改正。

4）可输入垂直角自动计算出水平距离和高差。

5）可通过距离预置进行定线放样。

6）如果输入测站坐标和高程，可自动计算观测点的坐标和高程。

7）测距方式有正常测量和跟踪测量，正常测量所需时间为3s，还能显示数次测量的平均值；跟踪测量所需时间为0.8s，每隔一定时间自动复测距。

（4）使用方法。

1）安置仪器先在测站上安置好经纬仪，对中、整平后，将测距仪主机安装在经纬仪支架上，用连接器固定螺钉锁紧，在目标点安置反射棱镜，对中、整平，并使镜面朝向主机。

2）观测垂直角、气温和气压用经纬仪十字横丝照准觇牌中心，如图3-18所示，测出垂直角 α。与此同时，观测和记录温度和气压计上的读数。

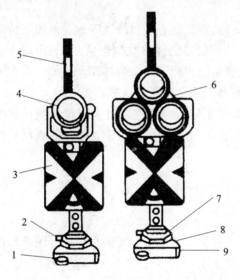

图3-17　反射棱镜外形及结构图

1—圆水准器；2—光学对中器；3—觇牌；
4—单反光镜；5—标杆；6—三反光镜组；
7—准管；8—固定螺旋；9—基座

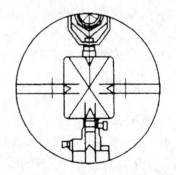

图3-18　经纬仪十字横丝
照准觇牌中心图

3）测距准备按电源开关键"PWR"开机，主机自检并显示原设定的气压、温度和棱镜常数值，自检通过后将显示"good"。

若修正原设定值，可按"TPC"键后输入温度、气压值或者棱镜常数（一般通过

"ENT"键）和数字键逐个输入。

4）距离测量。

①调节主机照准轴水平调整手轮和主机俯仰微动螺旋，使测距仪望远镜准确瞄准棱镜中心，如图3-19所示。

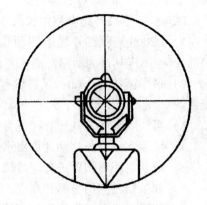

②精确瞄准后，按"MSR"键，主机将测定并显示经温度、气压和棱镜常数改正后的斜距。在测量中，若光束受挡或大气抖动等，测量将暂时被中断，等待光强正常后继续自动测量；如果光束中断30s，须光强恢复后，再按"MSR"键重测。

③斜距到平距的改算，一般在现场用测距仪进行，操作方法是：按"V/H"键后输入垂直角值，再按"SHV"键显示水平距离。连接按"SHV"键可依次显示斜距、平距和高差。

图3-19　测距仪望远镜精确瞄准棱镜中心图

（5）数据修正。在测距仪测得初始斜距值后，还需要加上仪器常数改正、气象改正和倾斜改正等，最后求得水平距离。

1）仪器常数改正。仪器修正常数有加常数 K 和乘常数 R 两个。

仪器常数是指由于仪器的发射中心、接收中心与仪器旋转竖轴不一致而引起的测距偏差值，称为仪器加常数。

实际上，仪器加常数还包括由于反射棱镜的制造偏心或者棱镜等效反射面与棱镜安置中心不一致引起的测距偏差，称为棱镜加常数。仪器的加常数改正值 $8K$ 与距离无关，并且可预置于机内做自动改正。仪器乘常数主要是因为测距频率偏移而产生的。乘常数改正值 $8R$ 与所测距离成正比。在有些测距仪中可预置乘常数做自动改正。

2）气象改正。野外实际测距时的气象条件不同于制造仪器时确定仪器测尺频率所选取的基准（参考）气象条件，因此测距时的实际测尺长度就不等于标称的测尺长度，使测距值产生与距离长度成正比的系统误差。

3.1.3　水准仪

1. 水准仪的种类

水准测量所使用的仪器为水准仪，它可以提供水准测量所需的水平线。国产水准仪按其精度可分为 DS_{05}、DS_1、DS_3 及 DS_{10} 等几种型号。D、S分别为"大地测量"和"水准仪"的汉语拼音第一个字母，05、1、3和10表示水准仪精度等级。目前在工程测量中通常使用 DS_3 型水准仪。

如果以结构和功能来分，则可分为：

（1）微倾式水准仪。利用水准管来获得水平视线的水准仪。

（2）自动安平水准仪。利用补偿器来获得水平视线的水准仪。

（3）新型水准仪。也称为电子水准仪，它配合条纹编码尺，利用数字化图像处理的方法，可自动显示高程和距离，使水准测量实现了自动化。

2. 水准仪的构造

以 DS$_3$ 型水准仪为例介绍水准仪的构造。

DS$_3$ 型微倾式水准仪，如图 3−20 所示，由望远镜、水准器和基座三个主要部分组成。仪器通过基座与三脚架连接，基座下三个脚螺旋用于仪器的粗略整平。在望远镜一侧装有一个管水准器，当转动微倾螺旋时，可使望远镜连同管水准器做俯仰微量的倾斜，从而可使视线精确整平。故这种水准仪称为微倾式水准仪。仪器在水平方向的转动，由制动螺旋和微动螺旋控制。

（a）

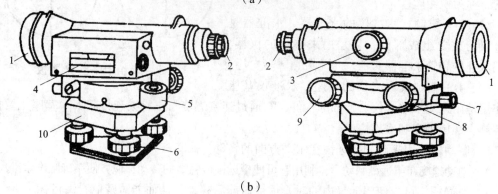

（b）

图 3−20 DS$_3$ 型微倾式水准仪

1—物镜；2—目镜；3—调焦螺旋；4—管水准器；5—圆水准器；
6—脚螺旋；7—制动螺旋；8—微动螺旋；9—微倾螺旋；10—基座

（1）DS$_3$ 微倾式水准仪的望远镜。微倾式水准仪的望远镜由物镜、对光透镜、十字丝分划板和目镜组成。其中，物镜由一组透镜组成，相当于一个凸透镜。按照几何光学原理，被观测的目标经过物镜和对光透镜后，呈一个倒立实像于十字丝附近。因为被观测的目标离望远镜的距离不同，可以转动对光螺旋使对光透镜在镜筒内前后移动，使目标的实像能清晰地成像于十字丝板平面上，再经过目镜的作用，使倒立的实像和十字丝同时放大而变成倒立放大的虚像。

放大的虚像与眼睛直接看到的目标大小比值，就是望远镜的放大率。DS$_3$ 微倾式水准仪的望远镜放大率约为 30 倍。

望远镜的构造及放大原理如图3-21所示。为了用望远镜精确照准目标进行读数，在物镜筒内光阑处装有十字丝分划板，其类型多样，如图3-22所示。十字丝中心与物镜光心的连线称为望远镜的视准轴，也就是视线。视准轴是水准仪的主要轴线之一。

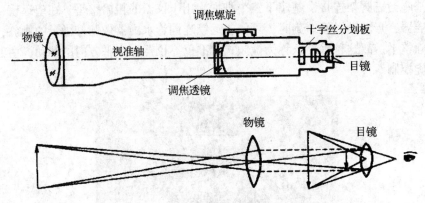

图 3-21　望远镜的构造及放大原理

图3-22中相互正交的两根长丝称为十字丝，其中竖直的一根称为竖丝，水平的一根称为横丝或中丝，横丝上、下方的两根短丝是用于测量距离的，称为视距丝。

（2）DS₃微倾式水准仪的水准器。水准器是水准仪的重要组成部分，它是用来整平的仪器，有圆水准器和管水准器两种。

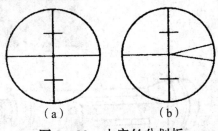

图 3-22　十字丝分划板

（3）DS₃微倾式水准仪的基座。水准仪基座的作用是用来支承水准仪器上部的构件，它通过连接螺旋与三脚架连接起来。基座主要由脚螺旋、螺旋轴座和底板构成。

1）制动螺旋用来限制望远镜在水平方向的转动。

2）微动螺旋在望远镜制动后，利用它可使望远镜做轻微的转动，以方便精确瞄准水准尺。

3）对光螺旋可以使望远镜内的对光透镜做前后移动，从而能清楚地看清目标。

4）调节目镜调焦螺旋可以看清楚十字丝。

5）调节微倾螺旋可以使水准器的气泡居中，达到精确整平仪器的目的。

（4）DS₃微倾式水准仪所配用的水准标尺。DS₃型水准仪配用的标尺，常常用干燥而良好的木材、玻璃钢或铝合金制成。尺的形式有直尺、折尺和塔尺，长度分别为3m和5m。其中，塔尺能伸缩，携带方便，但是接合处容易产生误差，杆式尺比较坚固可靠。

水准尺尺面绘有1cm或5mm黑白相间的分格，米和分米处注有数字，尺底为零。为了便于倒像望远镜读数注的数字常倒写。

通常，三等、四等水准测量和图根水准测量时所用的水准标尺是长度整3m的双面（黑红面）木质标尺，黑面为黑白相间的分格，红面为红白相间的分格，分格值均为1cm。尺面上每五个分格组合在一起，每分米处注记倒写的阿拉伯数字，读数视场中即呈现正像数字，并且由上往下逐渐增大，所以读数时应由上往下读。

（5）DS₃微倾式水准仪所配用的尺垫。尺垫是用于水准仪器转点上的一种工具，一般由钢板或铸铁制成，如图 3 - 23 所示。

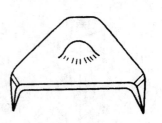

图 3 - 23 水准仪用尺垫示意图

使用尺垫时，应把三个尺脚踩入土中，将水准尺立在凸出的圆顶上。尺垫的作用是防止仪器下沉，稳固转点。

3. 水准仪应满足的几何条件

以微倾式水准仪为例，水准仪轴线应满足的几何条件有：

（1）圆水准轴应平行于仪器的竖轴；

（2）水准仪十字丝的横丝应当垂直于仪器的竖轴；

（3）水准管轴应平行于视准轴。

微倾式水准仪的轴线如图 3 - 24 所示。

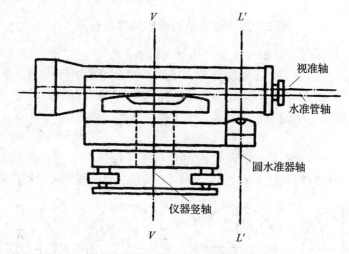

图 3 - 24 微倾式水准仪的轴线

4. 水准仪的检验与校正

（1）普通水准仪的检验与校正。

1）一般性的检验。水准仪检验校正之前，先进行一般性的检验，检查各主要部件能否起到有效的作用。安置仪器后，检验望远镜成像是否清晰，物镜对光螺旋和目镜对光螺旋是否有效，制动螺旋、微动螺旋、微倾螺旋是否有效，脚螺旋是否有效，三脚架是否稳固等。若发现故障，应及时修理。

2）轴线几何条件的检验与校正。

①圆水准器轴应平行于竖轴（$L'L' /\!/ VV$）。

a. 检验。安置仪器后，转动脚螺旋使圆水准器气泡居中，如图 3 - 25（a）所示，此时，圆水准器轴处于铅垂。将望远镜绕轴旋转 180°，如果气泡仍居中，说明条件满足。如果气泡偏离中心，如图 3 - 25（b）所示，则需要校正。

b. 校正。首先转动脚螺旋使气泡向中心方各移动偏距的一半，即 VV 处于铅垂位置，如图 3 - 25（c）所示。其余的一半用校正针拨动圆水准器的校正螺丝使气泡居中，则 $L'L'$ 也处于铅垂位置，如图 3 - 25（d）所示，则满足条件 $L'L' /\!/ VV$。

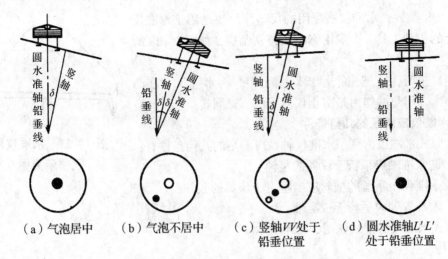

（a）气泡居中　（b）气泡不居中　（c）竖轴VV处于　（d）圆水准轴L'L'
　　　　　　　　　　　　　　　　　　　铅垂位置　　　　处于铅垂位置

图3-25　圆水准器轴的检验与校正

②十字丝横丝应垂直于竖轴（十字丝横丝⊥VV）。

a. 检验。整平仪器后用十字丝横丝的一端对准一个清晰固定点 M，如图3-26（a）所示，旋紧制动螺旋，再用微动螺旋，使望远镜缓慢移动。如果 M 点始终不离开横丝，如图3-26（b）所示，则说明条件满足。如果离开横丝，如图3-26（c）所示，则需要校正。

b. 校正。旋下十字丝护罩，松开十字丝分划板座固定螺丝，微微转动十字丝环，使横丝水平（M 点不离开横丝为止），如图3-26（d）所示，然后将固定螺丝拧紧，旋上护罩。

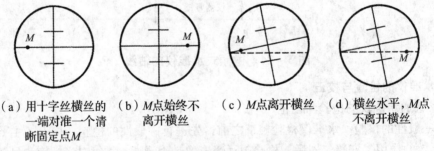

（a）用十字丝横丝的　（b）M点始终不　（c）M点离开横丝　（d）横丝水平，M点
　一端对准一个清　　离开横丝　　　　　　　　　　　　不离开横丝
　晰固定点M

图3-26　十字丝的检验与校正

③水准管轴应平行于视准轴（LL∥CC）。

a. 检验。如图3-27（a）所示，在较平坦地段，选择相距约80m左右的 A、B 两点，打下木桩标定点位，立水准尺。用皮尺丈量定出 AB 中间点 M，在 M 点安置水准仪，用双仪高法两次测定 A 至 B 点的高差。当两次高差的较差不超过3mm时，取两次高差的平均值 $h_{平均}$ 作为两点高差的正确值。将仪器置于 A（后视点）2m～3m处，再测定 A、B 两点间高差，如图3-27（b）所示。由于仪器距 A 点很近，因此可忽略 i 角对 a_2 的影响，A 尺上的读数 a_2 可视为水平线的读数。因此视线水平时的前视读数 b_2 可根据已知高差 $h_{平均}$ 和 A 尺读数 a_2 计算求得：$b_2 = a_2 - h_{AB}$。若望远镜瞄准 B 点尺，视线精平时的读数 b_2' 与 b_2 相等，则条件满足，如果 $i'' = [(b_2' - b_2)/D_{AB}] \times \rho''$ 的绝对值大于20″，则仪器需要校正。

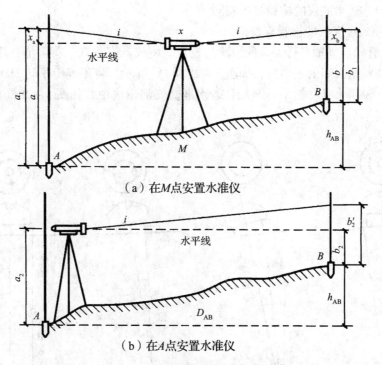

（a）在M点安置水准仪

（b）在A点安置水准仪

图3－27　水准管的检验与校正

b. 校正。转动微倾螺旋使横丝对准的读数为 b_2，然后放松水准管左右两个校正螺丝，再一松一紧调节上、下两个校正螺丝，使水准管气泡居中（符合），最后拧紧左右两螺丝，此项校正仍需反复进行，直到达到要求为止。

（2）精密水准仪的检验与校正。

1）圆水准器气泡的校正。

①目的是使圆水泡轴线垂直，以便安平。

②校正方法是用长水准管使纵轴确切垂直，然后校正，使圆水准器气泡居中。其步骤如下：拨转望远镜使之垂直于一对水平螺旋，用圆水准器粗略安平，再用微倾螺旋使长水准器气泡居中微倾螺旋之读数，拨转仪器180°，若气泡偏差，仍用微倾螺旋安平，又得一读数，旋转微倾螺旋至两读数之平均数。此时长水准轴线已与纵轴垂直。接着再用水平螺旋安平长水准管气泡居中，则纵轴即垂直。转动望远镜至任何位置，气泡像符合差不大于1mm。纵轴既已垂直，校正圆水准使气泡恰在黑圈内。在圆水泡的下面有三个校正螺旋，校正时螺旋不可旋得过紧，以免损坏水准盒。

2）微倾螺旋上刻度指标差的改正。

上述进行使长水准轴线与纵轴垂直的步骤中，曾得到微倾螺旋两数的平均数，当微倾螺旋对准此数时，则长水准轴线应与纵轴垂直，此数本应为零，若不对准零线，有指标差，可将微倾螺旋外面周围三个小螺旋各松开半转，轻轻旋动螺旋头至指标恰指"0"线时止，然后重新旋紧小螺旋。在进行此项工作时，长水准必须始终保持居中，即气泡保持符合状态。

3）长水准的校正。

①目的是使水准管轴平行于视准轴。

②步骤与普通水准仪的检验校正相同。

（3）微倾式水准仪的检验与校正。

1）水准管轴与竖轴平行关系的检验与校正。将仪器安置在三脚架上，用定平螺旋把水准盒气泡调整至圆圈的正中央，如图3－28（a）所示。将望远镜平转180°，若水准盒气泡仍居中，说明水准盒轴平行竖轴；若水准盒气泡不居中，如图3－28（b）所示，则说明两轴线间不平行。

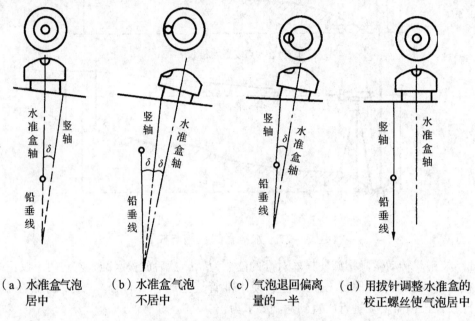

（a）水准盒气泡   （b）水准盒气泡   （c）气泡退回偏离   （d）用拨针调整水准盒的
　　　居中　　　　　　　不居中　　　　　量的一半　　　　　校正螺丝使气泡居中

图3－28 微倾式水准仪校正

当两轴线不平行时，先调整定平螺旋，使气泡退回偏离量的一半，如图3－28（c）所示；然后用拨针调整水准盒的校正螺丝使气泡居中，如图3－28（d）所示。重复以上步骤，直到望远镜处于任何方向时，气泡均在圆圈中央为止。

2）水准管轴与视轴平行关系的检验与校正（图3－29）。

①检验。

a. 在地面适当处选定A、O、B三点，要求$AO = BO$，且在35m～40m之间。

b. 将仪器置于O点，在A、B两点立尺，分别读取尺读数a、b，如图3－29（a）所示。则A、B两点间的正确高差$h_{AB} = a - b$。由于$AO = BO$，因此i角误差x对h_{AB}无影响。

c. 将仪器移至近A尺（或B尺）2m的O'点，分别在A、B尺上读取a_1、b_1，如图3－29（b）所示。现在由于仪器距A尺很近，即使i角较大，它在A尺上的读数误差也很小，与其在B尺上引起的读数误差相比，可以忽略不计。因此，可认为a_1不受i角影响，而b_1则充分反映着i角误差。当仪器不存在i角时，B尺上的正确读数b_1'应为$b_1' = a_1 - h_{AB}$。

故i角在B尺读数上产生的误差为$\Delta b = b_1 - b_1'$。

②校正。旋转微倾螺旋，将十字丝交点正对到正确读数b_1'上。此时，视准轴正处于水平状态，而水准管轴处于倾斜状态，即符合气泡偏离。用拨针调整水准管正端的上下校

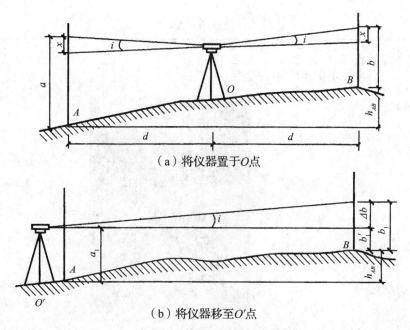

（a）将仪器置于O点

（b）将仪器移至O'点

图 3 – 29 微倾式水准仪检验

正螺丝，抬高或降低水准管这一端，使偏离的气泡居中，这时水准管处于水平状态，即达到水准管轴平行视准轴的目的。

5．水准仪的使用方法

DS$_3$微倾式水准仪的使用操作程序：安置水准仪→粗略整平（粗平）→照准和调焦→精确整平→读数。详见表 3 – 2。

表 3 – 2 水准仪的使用方法

步骤	内容及图示
安置水准仪	1）首先打开三脚架，安置三脚架，要求高度适当，架头大致水平并牢固稳妥。在山坡上测量时应使三脚架的两脚在坡下、一脚在坡上；

续表 3 – 2

步骤	内容及图示
安置水准仪	2）将水准仪用中心连接螺旋连接到三脚架上；  3）取水准仪时，要确保已握住仪器的坚固部位，并且确认仪器已牢固地连接在三脚架上之后才放手
粗略整平	1）先用双手按下图的箭头方向操作，同时转动一对螺旋，使气泡居中； 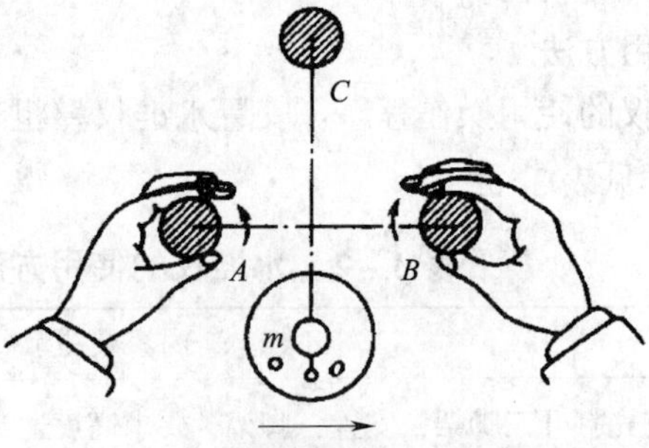 2）按下图的操作方法旋转第三个脚螺旋，使气泡居中； 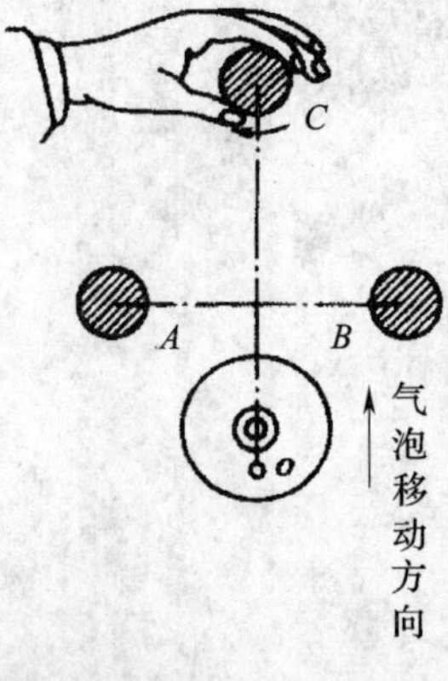 3）若测量结果仍有偏差，可重复以上操作

续表 3 – 2

步骤	内容及图示
瞄准标尺	瞄准标尺的操作步骤及方法如下： 1）目镜调焦：调节目镜将望远镜转向明亮背景，转动调焦螺旋，使十字丝成像清晰；  　2）准星瞄准：初步瞄准松开制动螺旋，利用望远镜上方的照门和准星瞄准目标，然后旋紧螺旋；  　3）物镜调焦：调焦，旋转物镜调焦螺旋，看清目标，使目标成清晰像； 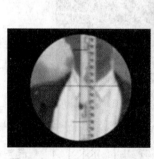 　4）精确瞄准：转动微动螺旋，使十字丝的竖丝瞄准水准尺边缘或中央； 　5）消除视差：照准标尺读数时，如果对光不准，尺像没有落在十字丝分划板上，这时眼睛上下移动，读数随之变化，这种现象称为视差。此时要旋转调焦螺旋，仔细观察，直到不再出现尺像和十字丝有相对移动为止，此时视差消除

续表 3 – 2

步骤	内容及图示
瞄准标尺	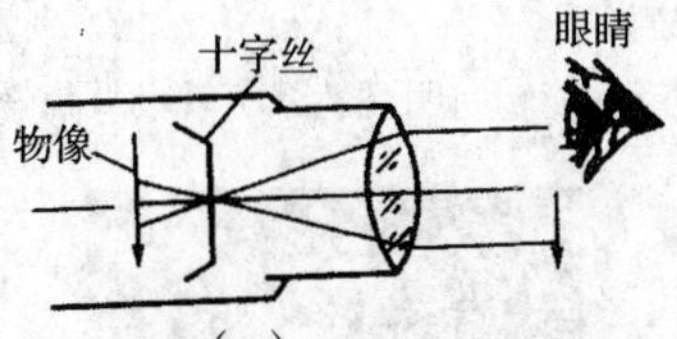  （a） 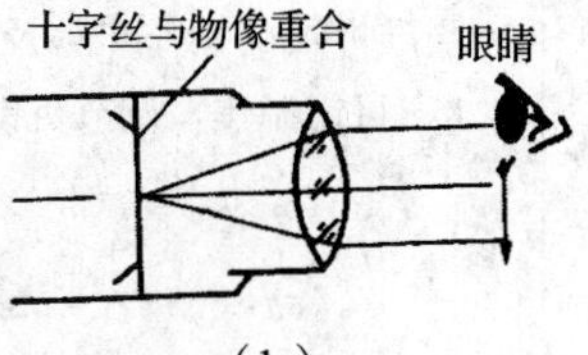　　　　　　　　（b）
精确整平	1）用眼睛观察水准气泡及气泡影像；  2）用右手缓慢地转动微倾螺旋，使气泡两端的影像严密吻合，视线应为水平视线； 3）同时，微倾螺旋的转动方向与左侧半气泡影像的移动方向一致

续表 3 − 2

步骤	内容及图示
读数	1）读数前应注意分米分划线与注字的对应，并且检查水准管气泡是否符合； 2）用十字丝中间的横丝读取水准尺的读数； 3）尺上可以直接读出的数值单位有米、分米和厘米数，还可估读出毫米数，水准尺的读数共有四位数（零也要读出）； 4）读数时，应从望远镜的上面向下面读，即先读小数，再读大数 

6. 自动安平水准仪简介

（1）外形及结构。自动安平水准仪是一种不用水准管而能自动获得水平视线的水准仪，它与 DS₃ 微倾式水准仪的区别在于无水准管和微倾螺旋，但在望远镜的光学系统中装置了补偿器。

自动安平水准仪外形如图 3 − 30 所示。

图 3 − 30　自动安平水准仪外形

国产自动安平水准仪的型号是在 DS 后加字母 Z，即为 DSZ_{05}、DSZ_1、DSZ_3、DSZ_{10}，其中 Z 代表"自动安平"汉语拼音的第一个字母。

（2）使用原理。自动安平水准仪与微倾式水准仪一样，也是利用脚螺旋使圆水准器气泡居中，从而完成仪器的整正，再使用望远镜照准水准尺，用十字丝横丝读取水准尺读数，即获得水平视线读数。

因为自动安平水准仪安装的补偿器有一定的工作范围，即能起到补偿作用的范围，所以使用自动安平水准仪时，要防止补偿器贴靠周围的部件，不处于自由悬挂状态。有的仪器在目镜旁有一按钮，它可以直接触动补偿器。读数前可以轻按此按钮，以检查补偿器是否处于正常工作状态，也可以消除补偿器有轻微的贴靠现象。如果每次触动按钮后，水准尺读数变动后又能恢复原有读数则表示工作正常。但若仪器上没有这种检查按钮则可用脚螺旋使仪器竖轴在视线方向稍微倾斜，如果读数不变则表示补偿器工作正常。使用自动安平水准仪时应十分注意圆水准器的气泡居中。

（3）优势。自动安平水准仪测量时无须精平，这样可以缩短水准测量的观测时间，且对于施工场地地面的微小振动、松软土地的仪器下沉及大风吹刮等原因引起的视线微小倾斜，自动安平水准仪的补偿器能随时调整，最终给出正确的水平视线读数，因此，自动安平水准仪具有观测精度高、速度快的优点，被广泛应用在各种等级的水准测量工作中。

7. 电子水准仪简介

（1）外形构造。电子水准仪也可称为数字水准仪，是在自动安平水准仪的基础上发展起来的，也可说是自动安平水准仪的升级版，是从光学时代跨入电子时代的产物。

电子水准仪的标尺采用的是条形编码尺，图 3–31 所示为 NA3003 型电子水准仪外形及所用条形编码尺。

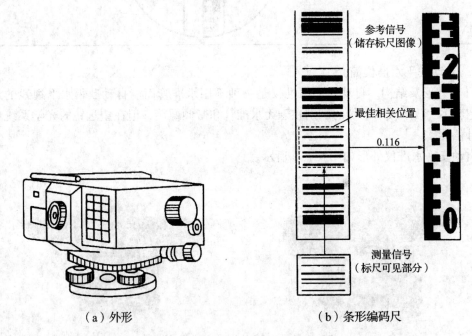

（a）外形 　　　　（b）条形编码尺

图 3–31　NA3003 型电子水准仪外形及所用条形编码尺

（2）电子水准仪的观测精度。以图 3–31 的 NA3003 型电子水准仪为例，其分辨力为 0.01mm，每千米往返测得的高差数中偶然误差为 0.4mm。

（3）电子水准仪的使用原理。与电子水准仪配套使用的水准标尺为条形编码尺，一般由玻璃纤维或铟钢制成。在电子水准仪中还装有行阵传感器，它可识别水准标尺上的条形编码。当电子水准仪摄入条形编码后，经过处理器转变为相应的数字，再通过信号转换和数据化，在显示屏上直接显示中丝读数和视距。

（4）优势。

1）读数客观。不存在误读、误记和人为读数误差、出错现象。

2）精度高。视线高和视距读数都是采用大量条码分划图像经处理后取平均值得出来的，因此削弱了标尺分划误差的影响。多数仪器都有进行多次读数取平均的功能，可以削弱外界条件影响，不熟练的作业人员也能进行高精度测量。

3）效率高。只需调焦和按键就可以自动读数，减轻了劳动强度。视距还能自动记录、处理、检核，并能输入电子计算机进行后处理，可实现内外业一体化。

8. 精密水准仪简介

精密水准仪（precise level）主要用于国家一等、二等水准测量和高精度的工程测量中，例如建（构）筑物的沉降观测、大型桥梁工程的施工测量和大型精密设备安装的水平基准测量等。

精密水准仪与其他水准仪的主要区别是它须配有精密水准尺。精密水准尺一般是在木质的槽内安有一根因瓦合金带。带上标有刻划，数字标注在木尺上，精密水准尺的分划有1cm和0.5cm两种。

精密水准仪所用精密水准尺如图3-32所示。精密水准仪的使用方法与一般水准仪基本相同，只是读数方法有些差异。

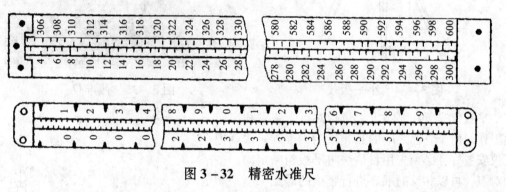

图3-32　精密水准尺

（1）在水准仪精平后，十字丝中丝往往不恰好对准水准尺上某一整分划线。

（2）要转动测微轮使视线上、下平行移动，十字丝的楔形丝正好夹住一个整分划线，如图3-33所示。

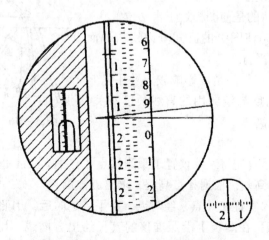

图3-33　DS₁型水准仪读数视场

3.1.4 小平板仪和大平板仪

1. 小平板仪

（1）构造。小平板仪主要由三脚架、平板、照准仪和对点器等组成，如图 3 – 34 所示。照准仪，如图 3 – 35 所示。为了置平平板，照准仪的直尺上附有水准器。用这种照准仪测量距离和高差的精度很低，所以常与经纬仪配合使用，进行地形图的测绘。

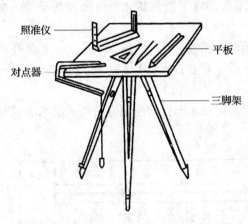

图 3 – 34 小平板仪

图 3 – 35 照准仪

平板仪安置在测站上，包括对点、整平和定向三项工作。由于它们之间的互相影响，很难一次就把平板仪安置好，必须先用目估法将平板粗略定向、整平和对点，再以相反的顺序进行精确的对点、整平和定向。如图 3 – 36 所示。

1）对点。对点就是使图上已知点和地面上相应的测站点位于同一铅垂线上。

2）整平。整平的目的是使图板处于水平位置。

3）定向。定向就是使图上的已知方向线与地面上相应的方向线一致或平行。

定向误差对于测定点位的精度影响较大，用已知直线定向时，其定向精度与定向用的直线长度有关，直线越长，定向精度越高。

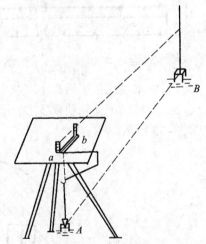

图 3 – 36 对点和直线定向

（2）使用方法。

1）如图 3 – 37 所示，先将经纬仪置于距测站点 A 点 1m ~ 2m 处的 B 点，量取仪器高 i，测出 A、B 两点间的高差，根据 A 点高程，求出 B 点高程。

2）然后将小平板仪安置在 A 点，经对点、整平、定向后，用照准仪直尺紧贴图上口点瞄准经纬仪的垂球线，在图板上沿照准仪的直尺绘出方向线，用尺量出 AB 的水平距离，在图上按测图比例尺从 A 沿所绘方向线定出 B 点在图上的位置 b。

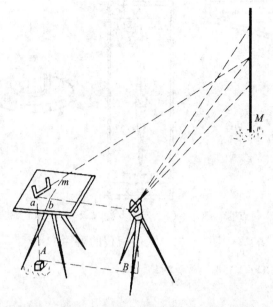

图3-37　小平板仪与经纬仪联合测图

3）测绘碎部点 M 时，用照准仪直尺紧贴 a 点瞄准点 M，在图上沿直尺边绘出方向线 am，用经纬仪按规距测量方向测出规距间隔和竖直角，以此求出 BM 的水平距离和高差。根据 B 点高程，即可计算出 M 点高程。

4）用两脚规按测图比例尺制图 b 点量 BM 长度与 am 方向线交于 m 点，m 点即是碎部点 M 在图上的相应位置。

5）将尺移至下一个碎部点，用同样方法进行测绘，待测绘出一定数量的碎部点后，即可根据实地的地貌勾绘等高线，用地物符号表示地物。

2. 大平板仪

（1）构造。大平板仪由平板、三脚架、基座和照准仪及其附件组成，如图3-38所示。

照准仪主要由望远镜、竖盘、直尺组成。望远镜和竖盘与经纬仪的构造相似，可用来作视距测量。直尺代替了经纬仪上的水平度盘，直尺边和望远镜的视准轴位于同一竖直面内，望远镜瞄准后，直尺在平板上划出的方向线即为瞄准的直线方向。

如图3-39所示，大平板仪的附件如下：

1）对点器。用来对点，使平板上的点和相应的地面点位于同一条铅垂线上。

2）定向罗盘。初步定向，使平板仪图纸上的南北方向接近于实际的南北方向。

3）圆水准器。用来整平平板仪的平板。

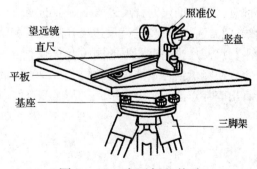

图3-38　大平板仪构造

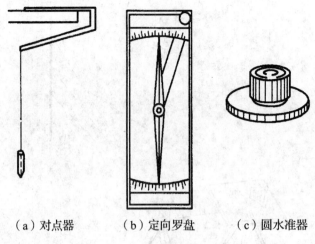

（a）对点器　　　（b）定向罗盘　　　（c）圆水准器

图 3 – 39　大平板仪的附件

（2）使用方法。

1）大平板仪的安置

①初步安置。将球面基座头柄穿入脚架与螺纹盘连接，并用仪器箱内准备的扳棍拧紧，然后将绘图板通过螺纹与上盘连接可靠。再将图板用目估法大致定向、整平和对点，初步安置在测站点上，随后进行精确安置。

②对点。将图纸上展绘的点置于地面上相应点的铅垂线上。对点时，用对点器金属框尖部对准图板上测站点对应的点，然后移动脚架使垂球尖对准地面上测站点。

③整平。置圆水准器装于图板中部，松开上手柄约半圆，调整图板使圆水泡居中，轻轻拧紧上手柄。

④定向。将图板上已知方向调整至与地面上相应方向一致。可先用方框罗盘初步定向，再用已知直线精密定向。

a. 罗盘定向。用方框罗盘定向时，半方框罗盘的侧边切于图纸坐标格网的纵坐标丝，转动图板直到磁针两端与罗盘零指针标线对准为止。

b. 用已知直线定向。将平板安置于 A 点，用已知直线 AB 定向，可将照准仪的直尺边紧贴在图板上相应的直线 ab 处，转动图板，使照准仪瞄准地面上 B 点，然后固定图板。图板定向对测图的精度影响极大，一般要求定向误差不大于图上的 0.2mm。

2）大平板仪的使用。测图时，将大平板仪安置在测站点上，量取仪器高，即可测绘碎部点，用照准仪的直尺边紧贴图上的测站点，照准碎部点上所立的尺，沿直尺边绘出方向线（也可使照准仪的直尺边离开图上的测站点少许，照准碎部点上所立的尺，拉开直尺的平行尺使尺边通过图上的测站点，沿平行尺绘方向线），在尺上读取读数，由读数计算视距。使竖盘指标水准管气泡居中，读取竖盘读数，计算竖直角。根据视距测量公式即可计算出碎部点至测站点水平距离及碎部点的高程：

$$D = Kn\cos^2\alpha \qquad (3-2)$$

$$H_p = H_1 + \frac{1}{2}K\sin2\alpha + i - \upsilon \qquad (3-3)$$

式中：D——碎部点至测站点的水平距离；

K——常数，等于100；

n——视距间隔，上、下丝读数之差；

H_p——碎部点高程；

H_1——测站点高程；

α——竖直角；

i——仪器高；

υ——中丝读数。

3.1.5　经纬仪

1. 经纬仪的种类

光学经纬仪是采用光学玻璃度盘和光学测微器读数的设备，电子经纬仪则是采用光电描度盘和自动显示系统。国产经纬仪按精度可分为DJ$_{07}$型、DJ$_1$型、DJ$_2$型、DJ$_6$型、DJ$_{15}$型和DJ$_{60}$型六个等级。"D"、"J"分别表示"大地测量"、"经纬仪"汉语拼音的第一个字母，07、1、2、6、15、60分别表示该仪器一测回水平方向观测值中误差不超过的秒数。其中DJ$_{07}$、DJ$_1$型、DJ$_2$型属于精密经纬仪，DJ$_6$型、DJ$_{15}$型和DJ$_{60}$型则属于普通经纬仪。

2. 经纬仪的构造

图3-40所示为一架DJ$_6$型光学经纬仪。国内外不同厂家生产的同一级别的仪器，或同一厂家生产的不同级别的仪器其外形和各种螺旋的形状、位置尽管不尽相同，但是作用基本一致。

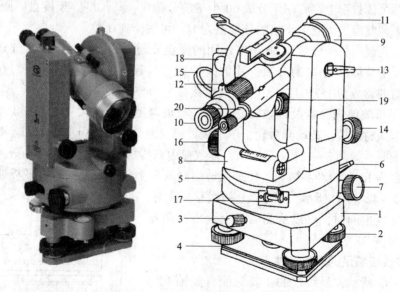

图3-40　DJ$_6$型光学经纬仪外形

1—基座；2—脚螺旋；3—轴套制动螺旋；4—脚螺旋压板；5—水平度盘外罩；
6—水平方向制动螺旋；7—水平方向微动螺旋；8—照准部水准管；9—物镜；
10—目镜调焦螺旋；11—瞄准用的准星；12—物镜调焦螺旋；13—望远镜制动器；
14—望远镜微动螺旋；15—反光照明镜；16—度盘读数测微轮；17—复测机钮；
18—竖直度盘水准管；19—竖直度盘水准管微动螺旋；20—度盘读数显微镜

DJ$_6$型光学经纬仪包括照准部、度盘和基座三大部分。

（1）照准部。照准部由竖直度盘、望远镜、制动微动螺旋、读数设备、竖盘指标水准管和光学对中器等组成。

（2）水平度盘。光学经纬仪有水平度盘和竖直度盘，都是光学玻璃制成，度盘边缘全圆周刻划 $0° \sim 360°$，最小间隔有 $1°$、$30'$、$20'$三种。水平度盘装在仪器竖轴上，套在度盘轴套内，通常按顺时针方向注记。在水平角测角过程中，水平度盘不随照准部转动。为了改变水平度盘位置，仪器设置有水平度盘转动装置，包括两种结构。

（3）基座。经纬仪基座与水准仪基座的构成和作用基本类似，包括脚螺旋、轴座、三角压板、底板等。

利用中心连接螺旋将经纬仪与脚架连接起来。在经纬仪基座上还固连一个竖轴套和轴座固定螺旋，用于控制照准部和基座之间的衔接。中心螺旋下有一个挂钩，用于挂垂球。

3．经纬仪的读数方法

光学经纬仪的水平度盘和竖直度盘的度盘分划线通过一系列的棱镜和透镜，成像于望远镜旁的读数显微镜内。观测者通过显微镜读取度盘读数。DJ$_6$型经纬仪，常用的有分微尺测微器和单平板玻璃测微器两种读数方法。

（1）分微尺测微器及读数方法。分微尺测微器的结构简单，读数方便，具有一定的读数精度，故广泛用于 DJ$_6$型光学经纬仪。从这种类型经纬仪的读数显微镜中可以看到两个读数窗，注有"⊥"（或"V"）的是竖盘读数窗，注有"—"（或"H"）的是水平度盘读数窗。两个读数窗上都有一个分成 60 小格的分微尺，其长度等于度盘间隔 $1°$的两分划线之间的影像宽度，因此 1 小格的分划值为 $1'$，可估读到 $0.1'$。

读数时，先读出位于分微尺 60 小格区间的度盘分划线的度数，再以度盘分划线为指标，在分微尺上读取不足 $1°$的分数，并估读秒数（秒数只能是 6 的倍数）。在图 3 - 41 中，水平度盘的读数为 $157°03'30''$，竖直度盘读数为 $78°58'30''$。

（2）单平板玻璃测微器及读数方法。单平板玻璃测微器主要由平板玻璃、测微尺、连接机构和测微轮组成。转动测微轮，单平板玻璃与测微尺绕轴同步转动。当平板玻璃底面垂直于光线时，如图 3 - 42（a）所示，读数窗中双指标线的读数是 $92° + \alpha$，测微尺上单指标线读数为 $15'$。转动测微轮，使平板玻璃倾斜一个角度，光线通过平板玻璃后发生平移，如图 3 - 42（b）所示，当 $92°$分划线移到正好被夹在双指标线中间时，可以从测微尺上读出移动 α 之后的读数为 $17'28''$。

4．经纬仪应满足的几何条件

如图 3 - 43 所示，经纬仪的主要轴线有竖轴 VV、横轴 HH、视准轴 CC 和水准管轴 LL。检验经纬仪各轴线之间应满足的几何条件有：

（1）水准管轴 LL 应垂直于竖轴 VV；

（2）十字丝<u>纵丝</u>应垂直于横轴 HH；

（3）视准轴 CC 应垂直于横轴 HH；

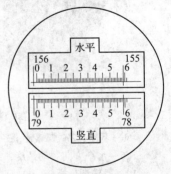

图 3 - 41　分微尺 测微器读数

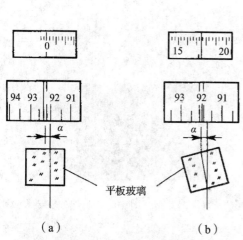

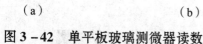

平板玻璃

（a）　　　　　　　　　　（b）

图 3 – 42　单平板玻璃测微器读数

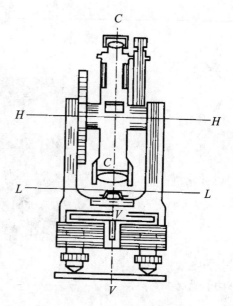

图 3 – 43　经纬仪轴线图示

（4）横轴 *HH* 应垂直于竖轴 *VV*；

（5）竖盘指标差为零。

通常仪器经过加工、装配、检验等工序出厂时，经纬仪的上述几何条件是满足的，但是，由于仪器长期使用或受到碰撞、振动等影响，都能导致轴线位置的变化。所以，经纬仪在使用前或使用一段时间后，应进行检验，若发现上述几何条件不满足，则需要进行校正。

5. 经纬仪的使用方法

（1）安置仪器。安置仪器是将经纬仪安置在测站点上，包括对中和整平两项内容。对中的目的是使仪器中心与测站点标志中心位于同一铅垂线上；整平的目的是使仪器竖轴处于铅垂位置，水平度盘处于水平位置。

安置仪器可按初步对中整平和精确对中整平两步进行。

1）初步对中整平用锤球对中时，其操作方法如下：

①将三脚架调整到合适高度，张开三脚架安置在测站点上方，在脚架的连接螺旋上挂上锤球，若锤球尖离标志中心太远，可固定一脚并移动另外两脚，或将三脚架整体平移，使锤球尖大致对准测站点标志中心，并注意使架头大致水平，然后将三脚架的脚尖踩入土中。

②将经纬仪从箱中取出，用连接螺旋将经纬仪安装在三脚架上。调整脚螺旋，使圆水准器气泡居中。

③若锤球尖偏离测站点标志中心，可旋松连接螺旋，在架头上移动经纬仪，使锤球尖精确对中测站点标志中心，然后旋紧连接螺旋。

用光学对中器对中时，其操作方法见表 3 – 3。

表 3-3　光学对中器对中的方法

方法	图示及说明
可以用光学对中的情况	a. 光学对中器是装在仪器纵轴中的小望远镜；  b. 只有当仪器纵轴铅垂时，才能应用光学对中器对中（对中时三脚架架头要大致水平） 
对中的步骤	a. 支起三脚架，使水准仪大致水平（先目估初步对中）；  b. 转动光学对中器目镜头，对光螺旋；

续表 3－3

方法	图示及说明
对中的步骤	 c. 可以看到地面标志点的影像渐渐变得清晰（旋转经纬仪的角螺旋，使测站的影像，成像清晰）； 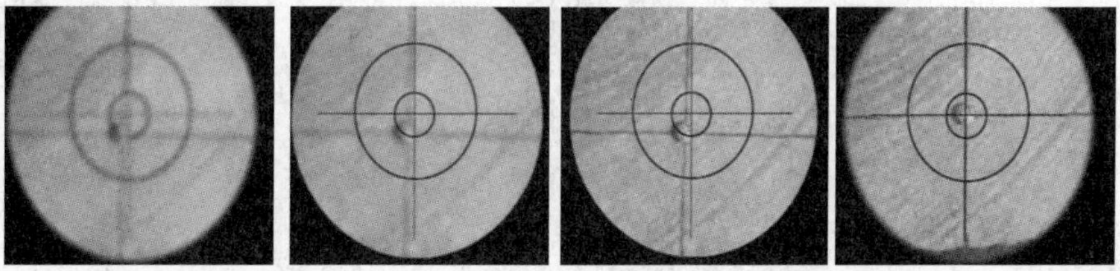 d. 用经纬仪进行点对中时，应先踩实一只架腿，将一只鞋尖对准地面点，再用手持另两只架腿，从对中目镜中，沿垂角的方向即可迅速将十字丝中心对准地面点。随后再令两只架脚踩实；   e. 旋转角螺旋，使测站点标志的影像，精确位于分划板上小圆圈的中心； 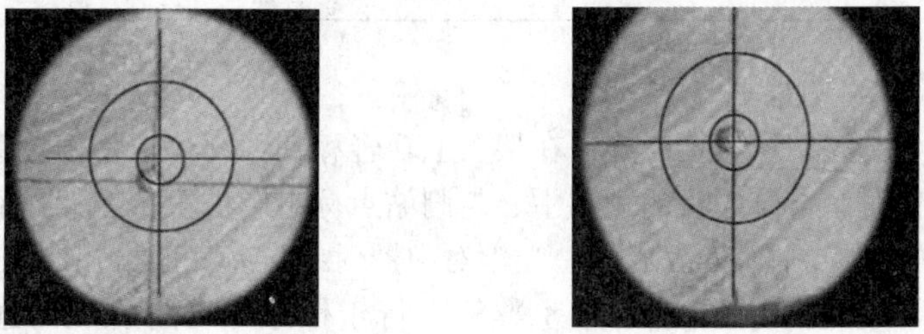

续表 3 – 3

方法	图示及说明
对中的步骤	f. 采用伸缩三脚架架脚的方法，使圆水准器的气泡居中；   g. 然后旋转角螺旋，使长水准管气泡居中；   h. 此刻，检查测站点标志是否位于圆圈中心，若有偏差，可在架头上移动仪器，再进行对中整平。直到仪器在精平的状态下，使测站点标志精确位于小圆圈中心为止 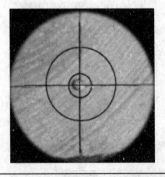

2）精确对中整平。

①对中时先旋松连接螺旋，在架头上轻轻移动经纬仪，使锤球尖精确对中测站点标志中心，或使对中器分划板的刻划中心与测站点标志影像重合；然后旋紧连接螺旋。锤球对中误差通常可控制在 3mm 以内，光学对中器对中误差一般可控制在 1mm 以内。

②整平。先转动照准部，使水准管平行于任意一对脚螺旋的连线，如图 3 – 44（a）所示，两手同时向内或向外转动这两个脚螺旋，使气泡居中，注意气泡移动方向始终与左

手大拇指移动方向一致；然后将照准部转动90°，如图3－44（b）所示，转动第三个脚螺旋，使水准管气泡居中。再将照准部转回原位置，检查气泡是否居中，如果不居中，按照上述步骤反复进行，直至水准管在任何位置，气泡偏离零点不超过一格为止。

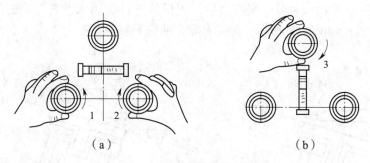

图3－44　经纬仪的整平

对中和整平，一般都需要经过几次"整平—对中—整平"的循环过程，直至整平和对中均符合要求。

（2）瞄准操作。

1）松开望远镜制动螺旋和照准部制动螺旋，将望远镜朝向明亮背景，调节目镜对光螺旋，使十字丝清晰。

2）利用望远镜上的照门和准星粗略对准目标，拧紧照准部及望远镜制动螺旋；调节物镜对光螺旋，使目标影像清晰，并注意消除视差。

3）转动照准部和望远镜微动螺旋，精确瞄准目标。测量水平角时，应用十字丝交点附近的竖丝瞄准目标底部，如图3－45所示。

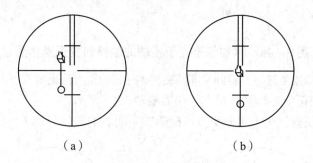

图3－45　瞄准

（3）读数。

1）打开反光镜，调节反光镜镜面位置，使读数窗亮度适中。

2）转动读数显微镜目镜对光螺旋，使度盘、测微尺及指标线的影像清晰。

3）根据仪器的读数设备，按经纬仪读数方法进行读数。

6. 经纬仪的检验与校正

（1）检验与校正水准管轴垂直于竖轴。

1）先整平仪器，照准部水准管平行于任意一对脚螺旋，转动该对脚螺旋使气泡居中，照准部旋转180°，如果气泡仍居中，说明此条件满足，否则需要校正。

2）如图 3 – 46（a）所示，设水准管轴与竖轴不垂直，倾斜了 α 角，将仪器绕竖轴旋转 180°后，竖直位置不变，此时水准管轴与水平线的夹角为 2α，如图 3 – 46（b）所示。

3）校正时，先相对旋转这两个脚螺旋，使气泡向中心移动偏离值的一半，如图 3 – 46（c）所示，此时竖轴处于竖直位置。再用校正针拨动水准管一端的校正螺钉，使气泡居中，如图 3 – 46（d）所示，此时水准管轴处于水平位置。

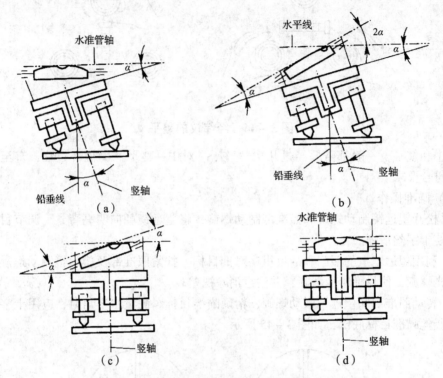

图 3 – 46　水准管垂直于竖轴的检验和校正操作图示

此检验与校正需反复进行，直到照准部旋转到任意位置气泡偏离零点都不超过半格为止。

（2）检验与校正十字丝竖丝垂直于仪器横轴。

1）首先整平仪器，用十字丝交点精确瞄准一明显的点状目标 P，如图 3 – 47 所示。

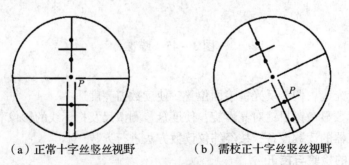

（a）正常十字丝竖丝视野　　　（b）需校正十字丝竖丝视野

图 3 – 47　十字丝竖丝的检验

2）制动照准部和望远镜，同时转动望远镜微动螺旋使望远镜绕横轴做微小俯仰，如果目标点 P 始终在竖丝上移动，说明条件满足，如图 3 – 47（a）所示，否则，需要校正，如图 3 – 47（b）所示。

3）旋下十字丝分划板护罩，用小改锥松开十字丝分划板的固定螺丝，微微转动十字丝分划板，使竖丝端点至点状目标的间隔减小一半。

4）再返转到起始端点，如图 3 – 48 所示。反复上述检验与校正，使目标点在望远镜上下俯仰时始终在十字丝竖丝上移动为止。

（3）检验与校正视准轴垂直于横轴。

1）首先整平经纬仪，使望远镜大致水平，用盘左照准远处（80m ~ 100m）一明显标志点，读盘左水平度盘读数 L，再用盘右照准标志点，读水平度盘读数 R，如果 L 与 R 的读数相差 $180°$，说明条件满足。

2）若读数相差不为 $180°$，差值为两倍视准轴误差，用 $2C$ 来表示。

3）校正时，在盘右位置按公式 $R_正 = \dfrac{1}{2}\left[R + (L \pm 180°)\right]$，计算出盘右的正确读数。

4）转动水平微动螺旋，使水平度盘置于正确读数 $R_正$，此时望远镜十字丝交点已偏离了目标点。

5）旋下十字丝分划板护盖，稍微松开十字丝环上下两个校正螺丝，再拨动十字丝环的左右两个螺丝，一松一紧（先松后紧），推动十字丝环左右移动，使十字丝交点精确对准标志点。

反复进行上述操作，直到符合要求为止。此外，如果采用盘左、盘右观测并取其平均值计算角值时，可以消除此项误差的影响。

（4）检验与校正横轴垂直于竖轴。

1）在距一垂直墙面 20m ~ 30m 处，安置经纬仪，整平仪器，如图 3 – 49 所示。

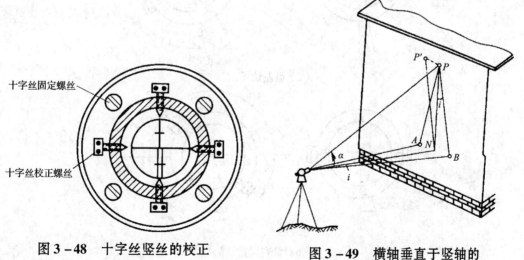

图 3 – 48 十字丝竖丝的校正   图 3 – 49 横轴垂直于竖轴的
                                    检验与校正图示

2）盘左位置。瞄准墙面上高处一明显目标 P，仰角宜在 $30°$ 左右。

3）固定照准部。将望远镜置于水平位置，按照十字丝交点在墙上定出一点 A。

4）倒转望远镜成盘右位置，瞄准 P 点，固定照准部，再将望远镜置于水平位置，定出点 B。如果 A、B 两点重合，说明横轴垂直于竖轴；不然，需要校正。

5）校正时，在墙上定出 A、B 两点连线的中点 N，仍以盘右位置转动水平微动螺旋，照准 N 点，转动望远镜，仰视 P 点，此时十字丝交点必然偏离 P 点，设为 P' 点。

6）打开仪器支架的护盖，松开望远镜横轴的校正螺钉，转动偏心轴承，升高或降低横轴的一端，使十字丝交点准确照准 P 点，最后拧紧校正螺钉。

此项检验与校正也需反复进行。

现代新型经纬仪已不需要此项校正。

（5）检验与校正竖盘水准管。

1）安装经纬仪，等待仪器整平后，用盘左、盘右观测同一目标点 A。

2）分别使竖盘指标水准管气泡居中，读取竖盘读数 L 和 R，计算竖盘指标差 x，若 x 值超过 $1'$ 时，则需要校正。

3）校正时，先计算出盘右位置时竖盘的正确读数 $R_0 = R - x$，原盘右位置瞄准目标 A 不动。

4）转动竖盘指标水准管微动螺旋，使竖盘读数为 R_0，此时竖盘指标水准管气泡不再居中了，用校正针拨动竖盘指标水准管一端的校正螺钉，使气泡居中。

此项检校需反复进行，直到指标差小于规定的限度为止。

竖盘指标差如图 3－50 所示。

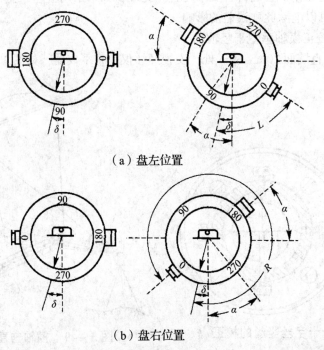

（a）盘左位置

（b）盘右位置

图 3－50　竖盘指标差图

7. DJ₂ 型光学经纬仪

DJ₂ 型光学经纬仪精度较高，一般用于国家三等、四等三角测量和精密工程测量。DJ₂

型光学经纬仪主要有以下特点：

（1）轴系间结构稳定，望远镜的放大倍数较大，照准部水准管的灵敏度较高。

（2）在 DJ$_2$ 型光学经纬仪读数显微镜中，只能看到水平度盘和竖直度盘中的一种影像，读数时需要通过转动换像手轮，使读数显微镜中出现需要读数的度盘影像。

（3）DJ$_2$ 型光学经纬仪采用对径符合读数装置，相当于取度盘对径相差 180°处的两个读数的平均值，这种读数装置可以消除偏心误差的影响，提高读数精度。

图 3-51 是 DJ$_2$ 型光学经纬仪的外形图。

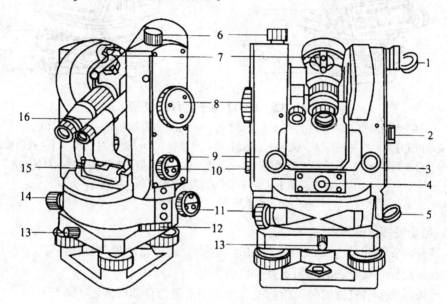

图 3-51 DJ$_2$ 型光学经纬仪外形

1—竖盘反光镜；2—竖盘指标水准管；3—竖盘指标水准管微动螺旋；4—光学对点器；
5—水平度盘反光镜；6—望远镜制动螺旋；7—瞄准器；8—测微手轮；9—望远镜微动螺旋；
10—换像手轮；11—水平制动螺旋；12—水平度盘位置变换手轮；13—轴座连接螺旋；
14—水平制动螺旋；15—照准部水准管；16—读数显微镜

8. 电子经纬仪

（1）电子经纬仪外形及结构。电子经纬仪是在光学经纬仪的基础上发展起来的新一代测角仪器，电子经纬仪与光学经纬仪的根本区别在于它用微机控制的电子测角系统代替光学读数系统。

电子经纬仪使用电子测角系统，能将测量结果自动显示出来，实现了读数的自动化和数字化。采用积木式结构，可以与光电测距仪组合成全站型电子速测仪，配合适当的接口，可将电子手簿记录的数据输入计算机，实现数据处理和绘图自动化。

DJD2 电子经纬仪外形如图 3-52 所示。

（2）电子经纬仪测角原理。电子经纬仪测角是从特殊格式的度盘上取得电信号，按照电信号再转换成角度，并且自动地以数字形式输出，显示在电子显示屏上，并记录在储存器中。电子测角度盘根据取得电信号的方式不同，可分为编码度盘测角、光栅度盘测角和电栅度盘测角等。

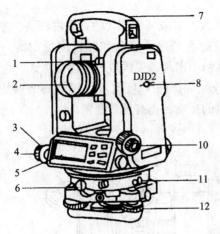 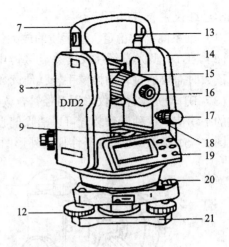

图 3 - 52　DJD2 电子经纬仪外形

1—粗瞄准器；2—物镜；3—水平微动手轮；4—水平制动手轮；5—液晶显示屏；

6—基座固定手轮；7—提手；8—仪器中心标志；9—水准管；10—光学对点器；11—通信接口；

12—脚螺旋；13—手提固定螺钉；14—电池；15—望远镜调焦手轮；16—目镜；

17—垂直微动手轮；18—垂直制动手轮；19—键盘；

20—圆水准器；21—底板

（3）电子经纬仪的特点。

1）装有内置驱动马达及 CCD 系统的电子经纬仪还可自动搜寻目标。

2）竖盘指标差及竖轴的倾斜误差可自动修正。

3）可按照指令对仪器的竖盘指标差及轴系关系进行自动检测。

4）可自动计算盘左、盘右的平均值及标准偏差。

5）有的仪器可预置工作时间，到规定时间则自动停机。

6）有与测距仪和电子手簿连接的接口。与测距仪连接可构成组合式全站仪；与电子手簿连接，可将观测结果自动记录，没有读数和记录的人为错误。

7）可单次测量，也可跟踪动态目标连续测量，但跟踪测量的精度较低。

8）若电池用完或操作错误，可自动显示错误信息。

9）根据指令，可以选择不同的最小角度单位。

10）读数在屏幕上自动显示，角度计量单位（360°六十进制、400g 百进制、6400 密位一制）可自动换算。

9. 圆曲线的计算与测设

（1）计算圆曲线的测设元素。道路在转弯处是曲线形的，各项曲线元素如图 3 - 53 所示。圆

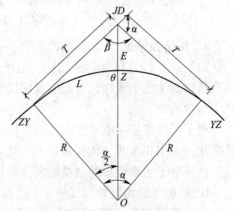

图 3 - 53　圆曲线测设元素

（图中转角 α = 圆心角 α，弦切角 =
1/2 圆心角，切线 $T \perp R$ 半径，
$\sec\alpha = 1/\cos\alpha$）

曲线的曲线半径 R、线路转折角 α、切线长 T、曲线长 L、外矢距 E，是计算和测设曲线的主要元素，从图 3-53 中几何关系可知，若 α、R 为已知，则各曲线元素的计算公式如下：

切线长公式：

$$T = R \cdot \tan \frac{\alpha}{2} \tag{3-4}$$

曲线长公式：

$$L = R \cdot \alpha \cdot \frac{\pi}{180} \tag{3-5}$$

外矢距公式：

$$E = R \cdot \sec \frac{\alpha}{2} - R = R\left(\sec \frac{\alpha}{2} - 1 \right) = R \cdot \left(\frac{1}{\cos \frac{\alpha}{2}} - 1 \right) \tag{3-6}$$

切曲差公式：

$$D = 2T - L \tag{3-7}$$

这些元素值利用电子计算器很快算出，也可用 R 和 α 为引数由专用表（曲线测设用表）查取。

（2）计算曲线主点的桩号。

图 3-53 中：

起点桩号

$$ZY = JD - T \tag{3-8}$$

中点桩号

$$QZ = ZY + \frac{L}{2} \tag{3-9}$$

终点桩号

$$YZ = QZ + \frac{L}{2} \tag{3-10}$$

终点桩号可用切曲差来验算，公式为：

$$YZ = JD + T - D \tag{3-11}$$

（3）曲线测设。曲线元素计算后，便可进行主点测设。图 3-54 在交点 JD_5 安置经纬仪，后视来向相邻交点 JD_0，自测站起沿此方向量切线长 T，得曲线起点 ZY，打一木桩，经纬仪顺时针测 $\alpha + 180$ 前视去向相邻交点 JD_6，自测站沿此方向量取切线长 T，测出终点 YZ。经纬仪前视 JD_5 点不动，顺时针测两切线夹角 β 的平分角 $\beta/2$，此时视线指向圆心，在视线方向自 JD_5 量外矢距 E、测出曲线中点 QZ。

若 JD_5 有障碍不能设桩或不通视，可在来向方向自 JD_0 量出 ZY 桩位，$ZY = JD_5 - T - JD_0$，再利用弦切法、偏角法测出曲线中点 QZ。

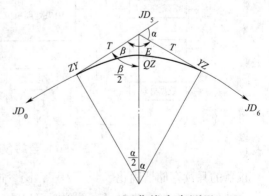

图 3-54 圆曲线主点测设

3.1.6 全站仪

1. 全站仪的构造

全站仪由电子测距、电子测角、电子补偿和计算机处理装置四大部分组成，如图 3 – 55、图 3 – 56 所示。全站仪本身就是一个带有特殊功能的计算机控制系统。由计算机处理器对获取的水平角、倾斜距离、垂直角、竖盘指标差、轴系误差、棱镜常数、气温、气压等信息加以处理，从而获得各项改正后的观测数据和计算数据。

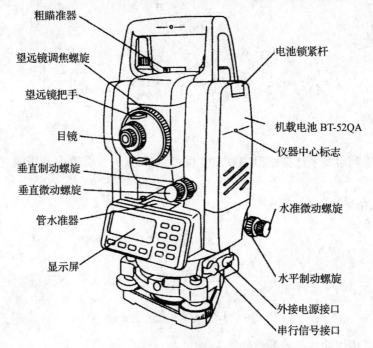

图 3 – 55 GTS – 335 全站仪

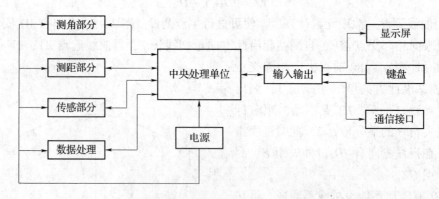

图 3 – 56 全站仪的组合框架图

仪器的只读存储器固化了测量程序，测量过程由程序完成。

全站仪的测角部分为电子经纬仪，可以测定垂直角、水平角、设置方位角；测距部分为光电测距仪，可以测定两点之间的距离；补偿部分可以实现仪器垂直轴倾斜误差对水平角、垂直角测量影响的自动补偿改正；中央处理器接受输入命令、控制各种观测作业方式、进行数据处理等。

2. 全站仪的等级

全站仪的测距精度依据国家标准分为三个等级，小于 5mm 为Ⅰ级仪器，标准差大于 5mm 小于 10mm 为Ⅱ级仪器，大于 10mm 小于 20mm 为Ⅲ级仪器。

3. 全站仪的功能

（1）测量水平角。全站仪能进行角度的测量，具体方法为：

1）按角度测量键，使全站仪处于角度测量模式，照准第一个目标 A。

2）设置 A 方向的水平度盘读数为 $0°00'00''$。

3）照准第二个目标 B，此时显示的水平度盘读数即为两方向间的水平夹角。

（2）测量距离。全站仪能对距离进行测量，具体方法为：

1）测距前需将棱镜常数输入仪器中，所测距离进行改正。

2）光在大气中的传播速度会随大气而变化，15℃ 和 760mm Hg 是仪器设置的一个标准值，此时的大气改正为 0ppm。实测时可输入温度，全站仪会自动计算大气改正值（也可为正值），并对测距结果进行改正。

3）量仪器高、棱镜高并输入全站仪内。

4）照准目标棱镜中心，按测距键，距离测完成时显示斜距、平距与高差。

（3）测量坐标。全站仪还能进行坐标测量，具体方法为：

1）当设定后视点的坐标时，全站仪会自动计算后视方向的方位角，且能够设定后视方向水平度盘读数为其方位角。

2）设置棱镜常数。

3）设置大气改正值或气温、气压值。

4）再量仪器高、棱镜高并输入全站仪。

5）最后，照准目标棱镜，按坐标测量键，全站仪开始测距并计算显示测点的三维坐标。

4. 全站仪的检测

全站仪作为一种现代化的计量工具，必须依法对其进行计量检定，以确保量度的统一性、标准性及合格性。检定周期最多不能超过一年。对全站仪的检定分为三个方面，对测距性能的检测、对测角性能的检测和对其数据记录、数据通信及数据处理功能的检查。

对全站仪的检测主要有以下几方面：

（1）光电测距单元性能测试：测试光相位均匀性、周期误差、内符合精度、精测尺频率，加、乘常数及综合评定其测距精度。需要时，还可以在较长的基线上进行测距的外符合检查。

（2）电子测角系统检测：主要是光学对中器和水准管的检校，照准部旋转时仪器基座方位稳定性检查，测距轴与视准轴重合性检查，仪器轴系误差（照准差 C，横轴误差 i，竖盘指标差 I）的检定，倾斜补偿器的补偿范围与补偿准确度的检定，一测回水平方向指标差的测定和一测回竖直角标准偏差测定。

（3）数据采集与通信系统的检测：主要检查内存中的文件状态，检查储存数据的个数和查阅记录的数据；剩余空间；对文件进行编辑、输入和删除功能的检查；数据通信接口、数据通信专用电缆的检查等。

5. 键盘的基本操作

全站仪的键盘如图 3 – 57 所示。

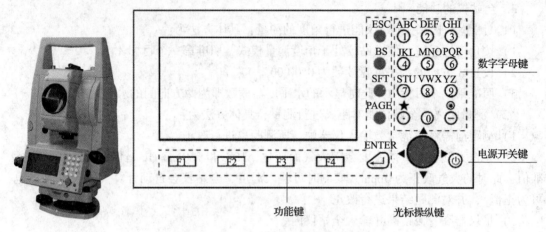

图 3 – 57　全站仪的键盘示意图

（1）电源开关键。

开机：按【①】。

关机：长按【①】超过 2 秒。

（2）功能键。

【F1】~【F4】：按【F1】~【F4】选取对应的功能，该功能键随模式不同而改变。

【ESC】：取消输入或返回至上一状态。

【SFT】：功能切换键，用于键盘数字字母输入切换及进入快捷键功能。

【BS】：删除光标左侧的一个字符。

【PAGE】：翻页键。

【↵】：选取选项或确认输入的数据。

（3）快捷键。

【SFT】+【★】：先按【SFT】再按【★】进入星键功能界面。

【SFT】+【-】：先按【SFT】再按【-】进入测距回光信号检测。

（4）光标操纵键。

◀▶▲▼：操作该键可上下左右移动光标，用于数据输入、选取选择项。

（5）字母数字键。

【0】~【9】：在输入数字时，输入按键对应的数字；输入字母时，先按【SFT】切换至输入状态，然后输入按键上方对应的字母，按第一次输入第一字母，按第二次输入第二字母，按第三次输入第三字母。

【.】：输入数字中的小数点。

【-】：输入数字中的负号。

6. 全站仪的使用方法

（1）安置仪器。使用时，首先在测站点安置电子经纬仪，在电子经纬仪上连接安装光电测距仪，在目标点安置反光棱镜，用电子经纬仪瞄准反光棱镜的觇牌中心，操作键盘，在显示屏上显示水平角和垂直角。

（2）测量。用光电测距仪瞄准反光棱镜中心，操作键盘，测量并输入测量时的温度、气压和棱镜常数，然后置入天顶距（即电子经纬仪所测垂直角），即可显示斜距、高差和水平距离。最后，再输入测站点的坐标方位角及测站点的坐标和高程，即可显示照准点的坐标和高程。

（3）数据处理并绘图。全站仪的电子手簿中可储存上述数据，最后输入计算机进行数据处理和自动绘图。

目前，全站型电子速测仪已逐步向自动化程度更高、功能更强大的全站仪发展。其使用注意事项如下：

1）使用全站仪前，应认真阅读仪器使用说明书。先对仪器有全面的了解，然后着重学习一些基本操作，如测距、测角、数据存储、测坐标、系统设置等。在此基础上再掌握其他如导线测量、放样等测量方法。然后可进一步学习掌握存储卡的使用。

2）凡迁站都应先关闭电源并将仪器取下装箱搬运。

3）电池充电时间不能超过专用充电器规定的充电时间，否则有可能将电池烧坏或者缩短电池的使用寿命。若用快速充电器，通常只需要 60min～80min。电池若长期不用，则一个月之内应充电一次。存放温度以 0～40℃ 为宜。

4）仪器安置在三脚架上之前，应检查三脚架的三个伸缩螺旋是否已旋紧。在用连接螺旋将仪器固定在三脚架上之后才能放开仪器。在整个操作过程中，观测者决不能离开仪器，以防发生意外事故。

5）严禁在开机状态下插拔电缆，电缆、插头应保持清洁、干燥。插头如果有污物，需进行清理。

6）在阳光下或阴雨天气进行作业时，应打伞遮阳、避雨。

7）望远镜不能直接照准太阳，以免损坏测距部的发光二极管。

8）仪器应保持干燥，遇雨后应将仪器擦干，放在通风处，待仪器完全晾干后才能装箱。仪器应保持清洁、干燥。由于仪器箱密封程度很好，因此箱内潮湿会损坏仪器。

9）电子手簿（或存储卡）应定期进行检定或检测，并进行日常维护。

10）全站仪长途运输或长久使用及温度变化较大时，宜重新测定并存储视准轴误差及整盘指示差。

7. 全站仪的检验与校正

（1）检验与校正照准部水准管轴垂直于竖轴。

1）检验时先将仪器大致整平，转动照准部使其水准管轴与任意两个脚螺旋的连线平行，调整脚螺旋使气泡居中。

2）将照准部旋转 180°，如果气泡仍然居中，说明条件满足；不然，应进行校正。

3）使水准管轴垂直于竖轴，用校正针拨动螺钉气泡向正中间位置退回一半。为使竖轴竖直，再用脚螺旋使气泡居中即可。此项检验与校正必须反复进行，直到满足条件。

（2）检验与校正十字竖丝垂直于横轴。

1）检验时用十字丝竖丝瞄准一清晰小点，使望远镜绕横轴上下转动，如果小点始终在竖丝上移动则条件满足，否则需要校正。

2）校正时松开四个压环螺钉，转动目镜筒，使小点始终在十字丝竖丝上移动。校好后将压环螺钉旋紧。

（3）检验与校正视准轴垂直于横轴。选择一个水平位置的目标，盘左、盘右观测之，取它们的读数（常数180°）的差即得两倍的 C。

$$C = (a_左 - a_右)/2 \qquad (3-12)$$

式中：$a_左$——盘左读数；

　　$a_右$——盘右读数。

（4）检验与校正横轴垂直于竖轴。

1）选择较高墙壁附件处安置仪器，以盘左位置瞄准墙壁高处一点 P（仰角最好大于30°）放平望远镜在墙壁上定出一点 m_1，倒转望远镜盘右位置再瞄准 P 点，又放平望远镜在墙壁上定出另一点 m_2。若 m_1、m_2 重合则条件满足，否则需要校正。

2）校正时瞄准 m_1、m_2 的中点后，固定照准部，向上转动望远镜，此时十字丝交点将不对准 P 点，抬高或降低横轴的一端，使十字丝的交点对准 P 点。此项检验也要反复进行，直到条件满足为止。

以上四项检验与校正，以（1）、（3）、（4）最为重要。在观测期最好经常进行，每项检验完毕后须旋紧有关的校正螺钉。

3.1.7　GPS 卫星定位系统

1. GPS 卫星定位系统的概念及特点

GPS（Global Positioning System）即全球定位系统，是由美国建立的一个卫星导航定位系统，利用该系统，用户可以在全球范围内实现全天候、连续、实时的三维导航定位和测速；此外，利用该系统，用户还能够进行高精度的时间传递和高精度的精密定位。GPS 计划始于 1973 年，已于 1994 年进入完全运行状态。

近十多年来，GPS 定位技术在应用基础的研究、新应用领域的开拓及软硬件的开发等方面均取得了迅速的发展，使得 GPS 精密定位技术已经广泛地渗透到了经济建设和科学技术的许多领域，特别是在大地测量学及其相关学科领域，如地球力学、海洋大地测量学、地球物理勘探和资源勘察、工程测量、变形监测、城市控制测量、地籍测量等方面都得到了广泛应用。

GPS 定位系统的应用特点：全天候、高精度、多功能、高效率、操作简便、应用广泛等。

（1）定位精度高。应用实践已经证明，GPS 相对定位精度在 50km 以内可达 10^{-6}，100km ~ 500km 可达 10^{-7}，1000km 可达 10^{-9}。在 300m ~ 1500m 工程精密定位中，1 小时以上观测的解，其平面位置误差小于 1mm，与 ME – 5000 电磁波测距仪测定的边长比较，其边长较差最大为 0.5mm，较差中误差为 0.3mm。

（2）观测时间短。随着 GPS 系统的不断完善和软件的不断更新，目前，20km 以内相对静态定位，仅需 15min～20min；快速静态相对定位测量时，当每个流动站与参考站相距在 15km 以内时，流动站观测时间只需 1min～2min，就可以实时定位。

（3）测站间不需要通视。GPS 测量不要求测站之间相互通视，只需要测站上空开阔即可，因此可节省大量的造标费用。因为无须点间通视，点的位置可按照需要选择，密度可疏可密，使选点工作变得非常灵活，也可省去传统大地网中的传算点、过渡点的测量工作。

（4）可提供三维坐标。传统大地测量通常是将平面与高程采用不同方法分别施测，而 GPS 可同时精确测定测站点的三维坐标（平面位置和高程）。目前通过局部大地水准面精化，GPS 水准可满足四等水准测量的精度。

（5）操作简便。随着 GPS 接收机的不断改进，自动化程度越来越高，有的已达"傻瓜化"的程度，接收机的体积越来越小，重量越来越轻，极大地减轻了测量工作的劳动强度，使野外测量工作变得轻松。

（6）全天候作业。目前，GPS 观测可以在一天 24 小时内的任何时间进行，不受起雾刮风、阴天黑夜、雨雪等气候变化的影响。

（7）功能多、应用广。GPS 定位系统不仅可用于测量、导航、变形监测，还可用于测速、测时。其中，测速的精度可达 0.1m/s，测时的精度可达几十毫微秒。其应用领域非常广泛并不断扩大，有着极其广阔的应用前景。

2. GPS 卫星定位系统的组成及原理

（1）GPS 的空间星座部分。GPS 卫星定位系统的空间星座部分由 24 颗卫星组成，卫星均匀分布在 6 个相对于赤道的倾角为 55°的近似圆形轨道上，轨道面之间夹角为 60°，每个轨道上 4 颗卫星运行，它们距地面表面的平均高度约为 20200km，运行周期为 11h 58min。这种星座布局（如图 3－58 所示）可确保位于任一地点的用户在任一时刻均可收到 4 颗以上卫星的信号，实现瞬时定位。

GPS 卫星的主体呈圆柱形，两侧有太阳能帆板，能自动对日定向。太阳能电池为卫星提供工作用电。每颗卫星都配有 4 台原子钟，可为卫星提供高精度的时间标准。

GPS 卫星的基本功能是：接收并存储来自地面控制系统的导航电文；在原子钟的控制下自动生成测距码和载波；采用二进制相位调制法将测距码和导航电文调制在载波上播发给用户；按照地面控制系统的命令调整轨道，调整卫星钟，修复故障或启用备用件以维护整个系统的正常工作。

（2）GPS 的地面控制部分。GPS 的地面控制部分由 5 个监测站、1 个主控站、3 个注入站以及通信和辅助系统组成。主控站位于美国科罗拉多州的联合空间工作中心，3 个注入站分别位于大西洋、印度洋、太平洋的 3 个美国军事基地上，5 个监测站除了位于 1 个主控站和 3 个注入站以外，还在夏威夷设了 1 个监测站。

监测站设在科罗拉多、阿松森群岛、迪戈加西亚、卡瓦加兰和夏威夷。站内设有高精度原子钟、双频 CPS 接收机、气象参数测试仪和计算机等设备。主要任务是完成对 CPS 卫星信号的连续观测，并将算得的卫星状

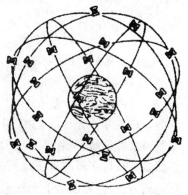

图 3－58 GPS 星座布局

态数据、站星距离、导航数据、气象数据传送到主控站。

主控站设在美国科罗拉多联合空间执行中心。它负责协调管理地面监控系统，还负责将监测站的观测资料联合处理推算各个卫星的轨道参数、状态参数、时钟改正、大气修正参数等，并将这些数据按一定格式编制成电文传输给注入站。此外，主控站还可以调整偏离轨道的卫星，使之沿预定轨道运行或起用备用卫星。

注入站设在迪戈加西亚、阿松森群岛、卡瓦加兰。其主要作用是将主控站要传输给卫星的资料以一定的方式注入卫星存储器中，供卫星向用户发送。

（3）GPS 的用户设备部分。用户设备包括 GPS 接收机和相应的数据处理软件。GPS 接收机一般包括接收机天线、主机和电源。随着电子技术的发展，现在的 GPS 接收机已经高度集成化和智能化，实现了将接收天线、主机和电源全部制作在天线内，并能自动捕获卫星和采集数据。

GPS 接收机的任务是捕获卫星信号，跟踪并锁定卫星信号，对接收到的信号进行处理，译出卫星广播的导航电文，进行相位测量和伪距测量，实时计算接收机天线的三维坐标、速度和时间。

GPS 接收机按用途分为导航型、测地型和授时型接收机；按使用的载波频率分为单频接收机（用 L_1 载波）和双频接收机（用 L_1、L_2 载波）。

GPS 卫星定位是以 GPS 卫星和用户接收机天线之间距离的观测量为基础，并按照已知的卫星瞬时坐标，从而确定用户接收机所对应的电位，即待定点的三维坐标 $(x，y，z)$。实际上，GPS 定位的关键是测定用户接收机到 GPS 卫星之间的距离。

3. GPS 卫星定位系统的定位方法

（1）GPS 伪距定位法。若设 GPS 卫星发射的测距码信号到达接收机天线所经历的时间为 t，该时间乘以光速 c，即是卫星到接收机的空间几何距离，计算公式为：

$$\rho = ct \tag{3-13}$$

实际上，由于卫星时钟与接收机时钟难以严格同步，测距码在大气传播时还要受大气电离层折射及大气对流层的影响，产生了延迟误差。所以实际上求得的距离并非真正的站星几何距离，也叫"伪距"，用 $\tilde{\rho}$ 表示。

伪距 $\tilde{\rho}$ 与空间几何距离 ρ 之间的关系为：

$$\rho = \tilde{\rho} + \delta_{\rho I} + \delta_{\rho T} - 2\delta_t^s + 2\delta_{\tan} \tag{3-14}$$

式中：$\delta_{\rho I}$——电离层延迟改正；

$\delta_{\rho T}$——对流层延迟改正；

δ_t^s——卫星钟差改正；

$\delta_{\tan}$——接收机钟差改正。

（2）GPS 单点定位法。用 GPS 卫星还可以发射的载波作为测距信号，因为载波的波长比测距波长要短得多，因此对载波进行相位测量，可以获得高精度的站星距离。

那么，站星之间的真正几何距离 P 与卫星坐标 $(x_s，y_s，z_s)$ 和接收机天线相位中心坐标 $(x，y，z)$ 之间有下面的关系：

$$\rho = \sqrt{(x_s - x)^2 + (y_s - y)^2 + (z_s - z)^2} \tag{3-15}$$

公式中，卫星的瞬时坐标 (x_s, y_s, z_s) 可根据接收到的卫星导航电文得知，此公式中只有 x、y、z 三个未知数。当接收机同时对 3 颗卫星进行距离测量，从理论上可以推算出接收机天线相位中心的位置。这样的话，GPS 单点定位的实质，即是空间距离后方交会，如图 3 – 59 所示。

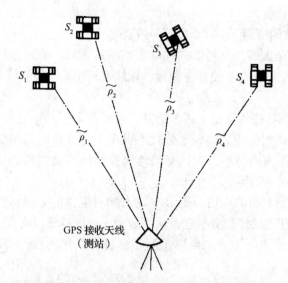

图 3 – 59　GPS 单点定位的基本原理图

实测时，为了求得测站上的未知数（修正接收机的计时误差要用到接收机钟差，也是一个待求未知数），需要同时观测 4 颗卫星。

单点定位法的优点是只需要一台接收机即可，数据处理也比较简单，定位速度也快，但是测量精度低，仅能测到米级的精度。

（3）GPS 相对定位法。相对定位法是位于不同地点的若干台接收机同步跟踪相同的 GPS 卫星，以确定各台接收机间的相对位置。

由于同步观测值之间存在着许多数值相同或相近的误差影响，它们在求相对位置过程中得到消除或削弱，因此，使相对定位可以达到很高的精度，此方法目前应用较广泛。

4. GPS 卫星定位的实测程序

GPS 定位的实测程序主要是：方案设计→选点建立标志→外业观测→成果检核→内业数据。

（1）选点建立标志。点位应选在交通方便、利于安装接收设备并且视场开阔的地方。

GPS 点应避开对电磁波接收有强烈吸收、反射等干扰影响的金属和其他障碍物体，例如电台电视台、高压线、高层建筑和大范围水面等。

点位选定后，再按要求埋设标石，绘制点之记。

（2）外业观测。安置天线观测时，天线需安置在点位上。安置天线的操作程序为对中→整平、定向→量天线高。操作过程如下：

在离开天线不远的地面上安装接收机。

再接通接收机到电源、天线、控制器的连接电缆。

预热和静置接收机，然后启动接收机采集数据。

接收机自动形成观测数据，并保存在接收机存储器中，以便随时调和处理。

（3）测量成果检核及数据处理。按照《全球定位系统（GPS）测量规范》GB/T 18314—2009 要求，对各项检查内容严格检查，确保准确无误。由于 GPS 测量信息量大，数据多，采用的数字模型和解算方法有很多种，实际工作中，一般是应用电子计算机通过一定的计算程序完成数据处理工作。

5. GPS 卫星定位的应用

由于 GPS 是一种全天候、高精度的连续定位系统，且具有定位速度快、费用低、方法灵活多样和操作简便等特点，使其在测量、导航及其相关学科领域，得到了极其广泛的应用。

GPS 定位技术在测量中的应用主要包括以下方面：

（1）控制测量方面的应用。GPS 定位技术可用于建立新的高精度的地面控制网，检核和提高已有地面控制网的精度，对已有的地面控制网实施加密，以满足城市规划、测量、建设和管理等方面的需要。

（2）航空摄影测量方面的应用。用 GPS 动态相对定位的方法可代替常规的建立地面控制网的方法，实时获得三维位置信息，从而节省大量的经费，而且精度高、速度快。

（3）海洋测量方面的应用。主要用于海洋测量控制网的建立、海洋资源勘探测量、海洋工程建设测量等。

（4）精密工程测量方面的应用。主要应用于桥梁工程控制网的建立、隧道贯通控制测量、海峡贯通与联接测量以及精密设备安装测量等。

（5）工程与地壳变形监测方面的应用。主要应用于地震监测、大坝的变形监测、建筑物的变形监测、地面沉降监测、山体滑坡监测等。

（6）地籍测量方面的应用。可用 GPS 快速静态定位或 RTK 技术来测定土地界址点的精确位置，以满足城区 5cm、郊区 10cm 的精度要求，既减轻了工作量又确保了精度。

在导航方面，由于 GPS 能以较好的精度瞬时定出接收机所在位置的三维坐标，实现实时导航，因而 GPS 可用于飞机、舰船、导弹以及汽车等各种交通工具和运动载体的导航。目前，它不仅广泛用于海上、空中和陆地运动目标的导航，而且在运动目标的监控与管理，以及运动目标的报警与救援等方面，也获得了成功的应用。如在智能交通系统中，利用 GPS 技术可实现对汽车的实时监测与调度，对运钞车的监控，及各专业运输公司对车辆的监控等。

GPS 定位技术在航天器的姿态测量、航空、弹道导弹的制导、近地卫星的定轨，以及气象和大气物理的研究等领域，也显示出了广阔的应用前景。

另外，利用 GPS 还可以进行高精度的授时，因此 GPS 将成为最方便、最精确的授时方法之一。它可以用于电力和通信系统中的时间控制。例如目前已生产出的 GPS 手表，可提供导航、定位、计时等多种功能的服务。

尤其要提出的是，全球定位系统（GPS）与地理信息系统（GIS）、遥感技术（RS）相结合是当今地理信息科学发展的主要趋势。它可以充分发挥空间技术和计算机技术互补的优势，使地理信息科学应用于军事、国民经济、科研等各个领域乃至日常生活，产生不可估量的社会效益和经济效益。

3.2　仪器安全与保养

3.2.1　测量仪器的常规保养与维护

1.　主机和基座的保养

望远镜与机身支架的连接处应经常用干净的布清理，如果灰尘等堆积过多，会造成望远镜的转动困难或卡死现象；基座的角螺旋处应保持干净、清洁，有灰尘应及时清理，以免出现卡死。

2.　物镜、目镜和棱镜的保养

物镜、目镜和棱镜等沾染上灰尘，将会影响到观测时的清晰度，所以日常必须进行保养。首先选用干净柔软的布或毛刷，切记不要用手直接触摸透镜，如果有需要可用纯酒精蘸湿由透镜中心向外一圈圈的轻轻擦拭，不要使用其他液体，以免损坏仪器零部件。

3.　数据线和插头的保养

数据线是测量内业传输数据时必备的工具，但因为体积较小，经常被随意乱放造成丢失或破损，因此在存放时一定要将其捆绑好，放置在仪器箱内的相应位置，不要被利器或重物压到。插头或数据线接口处要保持插头清洁、干燥，及时吹去连接上面的灰尘。

4.　使用干电池仪器的保养

激光类仪器短期使用时一般采用 5 号电池供电。电池更换时，下面一节可用吸棒取出，仪器一旦使用完毕应将电池取出，以免腐蚀损坏仪器。长期使用时应用电压为 3V 的蓄电池供电。接线时请认准导线红色为"＋"极，切勿接反。反接将对激光器造成损坏。

请勿使用网电，即勿使用通过变压和整流输出的直流电供电，因为建筑工地上的网电受到电焊机和大型施工电动机的影响，会出现大的浪涌，经变压和整流后的直流电也会存在浪涌，它们将会严重缩短激光器的使用寿命。

5.　测量辅助设备保养

测量辅助设备是辅助仪器主机完成测量工作的设备，包括三脚架、塔尺、钢卷尺、盒尺等，由于这些设备成本较低经常被人们所忽视。但是它们的破损程度同样决定着测量的精度和效率，所以平时应将三脚架拧紧、活动腿缩回并将腿收拢，应平放或者竖直放置，不应随便斜靠，以防挠曲变形；塔尺、钢卷尺和盒尺也应在使用完后，对尺身进行擦拭，注意不要折压。

6.　仪器受潮后处理

仪器被雨水淋湿或受潮后，应将其从仪器箱取出，在温度不超过 40℃ 的条件下干燥仪器、仪器箱、箱内的其他附件。取出仪器后切勿开机，应用干净软布擦拭并在通风处存放一段时间，直到所有设备完全干燥后再放入仪器箱内。

7.　仪器的存放

仪器不使用时，务必置于仪器的包装箱中。并除去仪器箱上的灰尘，切不可使用任何稀释剂或汽油，而应用干净的布块蘸中性洗涤剂擦拭。并放置于清洁、干燥、通风良好的室内。室内不要存放具有酸、碱类气味的物品，以防腐蚀仪器。在冬天，仪器不能存放在暖气设备附近。

3.2.2 电子仪器的使用安全与维护保养

1. 电子仪器设备使用过程中的安全

与普通测量仪器不同，电子测量仪器有电池、充电器、电缆线、数据线等，这些配件是电子仪器重要的部件，所以，在使用过程中一定要先进行检查，主要是各种连接电缆是否接触良好，以便在仪器设备运行之前消除这些方面的故障隐患。最主要是电池的使用，现在所配备的电池一般为 Ni－MH（镍氢电池）、Ni－Cd（镍镉电池）和锂电池。电池的好坏、电量的多少决定了外业时间的长短。所以在使用过程中要注意以下几点：

（1）在使用前应先检查，如果电池有损坏的迹象，包括变色、扭曲变形、漏液等现象，要停止使用。

（2）在现场使用时，避免电池接触水、火焰、高温以及阳光直射。

（3）在电源打开期间不要将电池取出，因为此时存储数据可能会丢失，因此在电源关闭后再装入或取出电池。

（4）电池可以反复充电使用，但是如果在电池还存有剩余电量的状态下充电，则会缩短电池的工作时间，此时，电池的电压可通过刷新予以复原，从而改善作业时间，充足电的电池放电时间约需 8 小时。

（5）不要连续进行充电或放电，否则会损坏电池和充电器，如有必要进行充电或放电，则应在停止充电约 30 分钟后再使用充电器。

（6）不要在电池刚充电后就进行充电或放电，有时这样会造成电池损坏。

（7）电池剩余容量显示级别与当前的测量模式有关，在角度测量的模式下，电池剩余容量够用，并不能够保证电池在距离测量模式下也能用，因为距离测量模式耗电高于角度测量模式，当从角度模式转换为距离模式时，由于电池容量不足，不时会终止测距。

（8）在常温下充电效果最好，充电时房间内的温度应在 10℃～40℃。随着温度的升高充电效率会降低。因此，每次充电均宜在常温下进行，会使电池能达到最大容量并可使用最长时间。如果使用电池时经常过量充电或在高温下充电会缩短电池的使用寿命。

2. 电子仪器的日常维护保养

电子仪器在不使用的情况下，同样应该注重其维护保养。在很多情况下，认为仪器设备没有发生故障，不用的时候就搁置一边，不闻不问。这样做不但影响仪器设备的性能，如果长期下去，将会使仪器设备报废，造成严重损失。所以，为了保证仪器设备的性能，技术指标良好，对平时不使用的仪器应定期进行维护保养。所有仪器在连接外部设备时，应注意相对应的接口、电极连接是否正确，确认无误后方可开启主机和外围设备。拔插接线时不要抓住线就往外拔，应握住接头顺方向拔插；也不要边摇晃插头边拔插，以免损坏接头。数据传输线、GPS（监控器）天线等在收线时不要弯折，应盘成圈收藏，以免各类连接线被折断而影响工作。

在实际工作中会发现，有些仪器设备刚开机时性能不是很稳定，这就是由于长期闲置造成的，通过暖机一段时间后，才可基本恢复正常。一般认为这是仪器的正常情况，但实际上这种情况说明仪器设备已经受到了影响，只有通过日常维护和保养，才能避免这些事故的发生。首先，仪器设备要保持清洁，以减少灰尘的影响。在清洁过程中，要严格按照仪器设备说明书中的要求进行，尤其是不能用导电的溶液或水来擦拭仪器设备。其次，是仪器设备的外观不要随意改变，以免会影响到仪器设备的散热和绝缘效果，要保证仪器设备的各种标志不被破坏。最后，还要定期通电维护保养，应定期进行干燥处理，这样可以起到除湿的作用，否则，有可能造成仪器设备的短路。

在电子仪器长期存放时，对电池的维护保养同样重要，仪器设备在不使用时，应将仪器上的电池卸下分开存放，最好在常温存放，这有助于延长电池的使用寿命。电池在不使用时会自动放电，如果长时间不用，电池应每月充电一次，在充电前确认电池内电量已全部放掉。在天气炎热时不要将电池放在车内储存。

现在许多仪器设备的自身保护已相当完善，可以对短路、超温和过流等做出故障警报，使仪器设备本身得到保护。但是，这些仪器设备往往对周围环境包括温度、湿度等都有严格要求。因此，仪器设备在运行中的防尘和散热也是相当重要的。目前很多仪器设备中使用最大的缺点就是对静电和灰尘特别敏感，如果不小心用会在不经意间造成损坏。灰尘也是产生静电和造成短路的原因，经常导致仪器设备故障。有时仪器设备在调试时是正常的，当投入使用后一段时间，温度或灰尘等会对仪器设备产生影响，这时还要注意对仪器设备散热和除尘。

总之，只有在日常的工作中，注意仪器的使用和维护，注意电池的充放电，才能延长电子仪器的使用寿命，使仪器设备的功效发挥到最大。

3.2.3 现场作业仪器操作安全事项

1. 仪器在作业过程中的安全事项

（1）架设仪器时的注意事项。观测前30分钟，将仪器置于露天阴影处，使仪器与外界气温趋于一致，并进行仪器预热。测量中避免望远镜直接对着太阳；尽量避免视线被遮挡，观测时可用伞遮蔽阳光。待到仪器基本适应工作环境的气温一致时，选择坚固地面架设三脚架，若条件允许，应尽量使用木脚架，这样可以减少工作中的震动，更好地保证测量精度。在打开三脚架时，应检查其各部件是否牢固，以免在工作过程中滑动。三脚架一定要架设稳当，其关键在于三条腿不能分得太窄也不能分得太宽，一般与地面大致成60°角即可。在山坡或下井架设时，必须两条腿在下坡方向均匀地踩入地内，不要顺铅垂方向踩，也不能用冲力往下猛踩。确保三脚架架设稳固后，从设备箱中取出仪器。仪器开箱前，应将仪器箱平放在地上，严禁提或怀抱着仪器开箱，以免仪器在开箱时落地损坏。开箱后应注意看清楚仪器在箱中安放的状态，以便在用完后按原样入箱。取仪器时不能用一只手将仪器提出，应一手握住仪器支架，另一只手托住仪器基座慢慢取出。取出后，随即将仪器竖立抱起并安放在三脚架上，再旋上中心螺旋。然后关上仪器箱并放置在不易碰撞的安全地点。开始测量前应仔细全面检查仪器，确信仪器各项指标、功能、电源、初始设置和改正参数均符合要求再进行作业。

（2）仪器在施测过程中的注意事项。在整个施测过程中，观测人员不得离开仪器。如因工作需要而离开时，应委托旁人看管或者将仪器装入箱内带走，以防止发生意外事故。

仪器在野外作业时，如日照强烈，必须用伞遮阳。使用全站仪、光电测距仪，禁止将望远镜直接对准太阳，以免伤害眼睛和损害测距部分发光二极管。

在坑内作业时要注意避开仪器上方的淋水或可能掉下来的石块等，以免影响观测精度和保护仪器安全。

仪器箱上不能坐人，防止箱子承受不了那么大的压力以致压坏箱子，甚至会压坏仪器。

当旋转仪器的照准部时，应用手握住其支架部分，而不要握住望远镜，更不能用手抓住目镜来转动。

仪器的任一转动部分发生旋转困难时，不可强行旋转，必须检查并找出所发生困难的原因，并消除解决此问题。

仪器发生故障以后，不应勉强继续使用，否则会使仪器的损坏程度加剧。但不要在野外或坑道内任意拆卸仪器，必须带回室内，由专业人员进行维修。

不能用手指触及望远镜物镜或其他光学零件的抛光面。对于物镜外表面的灰尘，可轻轻擦拭；而对于较脏的污秽，最好在室内的条件下处理。

在室外作业遇到雨、雪时，应将仪器立即装入箱内。不要擦拭落在仪器上的雨滴，以免损伤涂漆。须将仪器搬到干燥的地方让它自行晾干，然后用软布擦拭仪器，再放入箱内。

(3) 仪器在搬站时的注意事项。仪器在搬站时是否要装箱，可根据仪器的性质、大小、重量和搬站的远近，以及道路情况、周围环境情况等具体因素具体情况而决定。当搬站距离较远、道路复杂，要通过小河、沟渠、围墙等障碍物时，仪器最好装入箱内。在进行地面或坑内测量时，一般距离比较近，可不装箱搬站，但必须从三脚架架头上卸下来，由一人抱在身上携带；当通过沟渠、围墙等障碍物时，仪器必须由一人传给另一个人，不要直接携带仪器跳跃，以免震坏或摔坏仪器。

(4) 仪器使用后的安全运送。现场作业完成后，关闭主机盖上镜头盖，将所有微动螺旋旋至中央位置，并将仪器外表的灰尘擦干净，然后按取出时的原位轻轻放入箱中。放好后要稍微拧紧制动螺旋，以免携带时仪器在箱中摇晃受损。关闭箱盖时要缓慢妥善，不可强压或猛力冲击，试盖箱盖一次再将仪器箱盖盖好后上锁。

仪器运输应将仪器装于箱内，运输时应小心避免挤压、碰撞和剧烈震动；长途运输时最好在箱子周围使用软垫。仪器受震后会使机械或光学零件松动、移位或损坏，以致造成仪器各轴线的几何关系变化，光学系统成像不清或像差增大，机械部分转动失灵或卡死。轻则使用不便，影响观测精度；重则不能使用甚至报废。测量仪器越精密越是要注意防震，在运送仪器的过程中更是如此。

2. 测绘仪器的三防措施

生霉、生雾、生锈是测绘仪器的"三害"，直接影响测绘仪器的质量和使用寿命，影响观测使用。因此需按不同仪器的性能要求，采取必要的防霉、防雾、防锈措施，确保仪器处于良好状态。

(1) 测绘仪器防霉措施。

1) 每日收装仪器前，应将仪器光学零件外露表面清刷干净后再盖镜头盖，并使仪器外表面清洁后方能装箱密封保管。

2）仪器外壳有通孔的，用完后须将通孔盖住。

3）仪器箱内放入适当的防霉剂。

4）外业仪器一般情况下 6 个月（湿热季节或湿热地区 1 个~3 个月）应对仪器的光学零件外露表面进行一次全面的擦拭，内业仪器一般一年（湿热季节或湿热地区 6 个月）须对仪器未密封的部分进行一次全面的擦拭。

5）每台内业仪器必须配备仪器罩，每次操作完毕，应将仪器罩罩上。

6）检修时，对所修理的仪器外表和内部必须进行一次彻底的擦拭，注意不能用有机溶剂和粗糙擦布用力擦仪器的密封部位，以免破坏仪器的密封性，对产生霉斑的光学零件表面必须彻底除霉，使仪器的性能恢复到良好状态。

7）修复的仪器装配时须对仪器内部的零件进行干燥处理，并更换或补放仪器内腔防霉药片，修复装配后，仪器必须密封的部位，应恢复密封状态。

8）仪器在运输过程中，必须有防震设施，以免因震动剧烈引起仪器的密封性能下降，密封性能下降的部位，应重新采取密封措施，使仪器恢复为良好的密封状态。

9）作业中暂时停用的电子仪器，每周至少通电 1 小时，同时使各个功能正常运转。

（2）测绘仪器防雾措施。

1）每次清擦完零件表面后，再用干棉球擦拭一遍，以便除去表面潮气，每次测区业终结后，应对仪器的光学零件外露表面进行擦拭。

2）调整或操作仪器时，勿用手心对准零件表面，并在仪器运转时避免将油脂挤压或拖粘于光学零件表面上。

3）外业仪器一般情况下 6 个月（湿热季节或湿热地区 3 个月）须对仪器的光学零件外露表面进行一次全面擦拭，内业仪器一般在 1 年（温热季节或湿热地区 3 个~6 个月）须对仪器外表进行一次全面清擦，并用电吹风机烘烤光学零件外露表面（温度升高不得超道 60℃）。

4）防止人为破坏仪器密封造成湿气进入仪器内腔和浸润零件表面。

5）除雾后或新配置的零件表面须用防雾剂进行处理，一旦发现水性雾，应用烘烤或吸潮的方法清除；发现油性雾应用清洗剂擦拭干净并进行干燥处理。

6）严禁使用吸潮后的干燥剂。

7）保管室内应配备适当的除湿装置，长期不用的仪器的外露零件，经干燥后垫一层干燥脱脂棉，再盖镜头盖。

（3）测绘仪器防锈措施。

1）凡测区作业终结收测时，将金属外露面的临时保护油脂全部清除干净，涂上新的防锈油脂。

2）外业仪器防锈用油脂，除了具有良好的防锈性能，还应具有优良的置换性，并应符合挥发性低、流散性小的要求，要根据仪器的润滑防锈要求和说明书用油的规定适当选用不同配合间隙、不同运转速度和不同轴线方向所用的油脂。

3）外业仪器一般情况下 6 个月（湿热季节或湿热地区 1 个~3 个月）须对仪器外露表面的润滑防锈油脂进行一次更换，内业仪器一般应在 1 年（湿热季节或湿热地区 6 个月）须将仪器所用临时性防锈油脂全部更换一次，如发现锈蚀现象，必须立即除锈。并分析锈蚀原因，及时改进防锈措施。

4）仪器进行检修时，对长锈部位必须除锈，除锈时应保持原表面粗糙度数值或降低不超过相邻的粗糙度值。并且在对金属裸露表面清洗或除锈后，必须进行干燥处理。

5）必须将原用油脂彻底清除，通过干燥处理后，涂抹新的油脂进行防锈。

6）对有运动配合的部位涂防锈油脂后必须来回运动几次，并除去挤压出来的多余油脂。

7）对非成型保护膜防锈油脂涂抹后应用电容器纸或防锈纸等加封盖。

8）保管室在不能保证恒温恒湿的要求时，须做到通风、干燥、防尘。

3.3 水准测量

3.3.1 水准测量原理

水准测量是利用能够提供水平视线的仪器——水准仪，同时借助水准尺，测定地面上两点之间的高差，再由已知点的高程推算未知点高程的一种测定高程的方法。

如图 3 – 60，已知 A 点的高程 H_A，欲求 B 点的高程 H_B，在 A、B 两点间安置水准仪，分别读取竖立在 A、B 两点上的水准尺读数 a 和 b，由几何原理可知 A、B 两点间的高差为：

$$h_{AB} = a - b \tag{3-16}$$

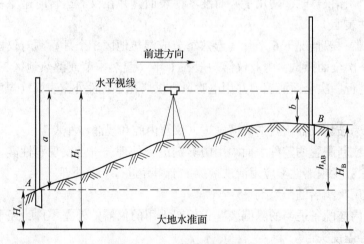

图 3 – 60　水准测量原理

测量工作一般是由已知点向未知点方向进行的，即图 3 – 60 中，由已知点 A 向待求点 B 进行，则称 A 点为后视点，其上水准尺的读数 a 为后视读数；B 点为前视点，其上水准尺的读数 b 为前视读数。a、b 的真实意义分别为水平视线到后视点 A 和前视点 B 的高度。由此就有，两点之间的高差等于后视读数减去前视读数。

由图 3 – 60 和式（3 – 16）不难看出：

当 a>b 时，$h_{AB}>0$，B 点比 A 点高；a<b 时，$h_{AB}<0$，B 点比 A 点低；a=b 时，$h_{AB}=0$，B 点与 A 点同高。

由图 3 - 60 可知，B 点的高程为：

$$H_B = H_A + h_{AB} = H_A + (a - b) \tag{3-17}$$

按式（3 - 17）直接利用高差 h_{AB} 计算 B 点高程，称为高差法。

从图 3 - 60 中可以看出，$H_A + a$ 为视线高程 H_i，则式（3 - 17）还可写为：

$$H_B = H_i - b \tag{3-18}$$

在实际工程测量中，当安置一次水准仪需测定多个前视点高程时，通常可以先计算出水准仪的视线高程 H_i，再由视线高程 H_i 推算出 B 点的高程 H_a。按式（3 - 16）利用仪器视线高程 H_i 计算 B 点高程的方法通常称为仪高法。

3.3.2　水准路线布设及常用水准测量方法

1. 水准点

用水准测量的方法测定的高程控制点称为水准点（一般用 BM 表示）。水准点可作为引测高程的依据，水准点应按照水准路线等级，根据不同性质的土壤并结合现场实际情况和需要而设立。根据使用时间的长短，一般分为永久性和临时性两种。

2. 水准路线

从一个水准点到另一个水准点所经过的水准测量线路称为水准路线。水准路线的选定主要包括两个方面：其一由已知点到引测点之间实测路线的选定，应选设在坡度较小、土质坚实、施测方便的道路附近；其二是根据已知点与引测点的个数、位置，选定水准路线的形式为进行线路校核。根据测区情况和作业要求，水准路线可布设成以下几种形式：闭合水准路线、附合水准路线、支水准路线等。

（1）闭合水准路线。如图 3 - 61（a）所示。BM_1 为已知高程的水准点，1、2、3、4 是待定高程的水准点。这样由一个已知高程的水准点出发，经过各待定高程水准点又回到原已知点上的水准测量路线，称为闭合水准路线。适用于施工场地附近只有一个水准点，想要求得多个新设的水准点时。

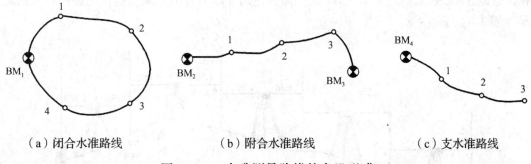

（a）闭合水准路线　　　　　（b）附合水准路线　　　　　（c）支水准路线

图 3 - 61　水准测量路线的布设形式

（2）附合水准路线。如图 3 - 61（b）所示。BM_2 和 BM_3 为已知高程的水准点，1、2、3 为待测高程的水准点。这种由一个已知高程的水准点出发，经过各待定高程水准点后附合到另一个已知高程点上的水准路线，称为附合水准路线。适用于有一个以上已知高程点的施工现场。

（3）支水准路线。如图 3 - 61（c）所示。BM_4 为已知高程的水准点，1、2、3 为待测高程的水准点。由一个已知水准点出发，而另一端为未知点的水准路线。该路线既不自行闭合，也不附合到其他水准点上，这种既不联测到另一已知点，也未形成闭合的水准路线称为支水准路线。为了进行成果检核和提高观测精度，支水准路线必须进行往、返测量。

为了便于检核和观测精度，水准路线应尽量选择闭合水准路线或附合水准路线。支水准路线有距离的限制。

3. 施测方法

（1）简单水准测量的观测程序。

1）在已知高程的水准点上立水准尺，作为后视尺。

2）在路线的前进方向上的适当位置设立第一个转点，必要时可以放置尺垫，在尺垫上竖立水准尺作为前视尺。仪器距离两水准尺间的距离基本相等，最大视距不大于150m。

3）安置仪器，使圆水准气泡居中。照准后视标尺，消除视差，调节水准气泡并使其精确居中，用中丝读取后视读数，记入手簿。

4）照准前视标尺，使水准气泡居中，用中丝读取前视读数，并记入手簿。

5）将仪器迁至第二站，同时，第一站的前视尺不动，变成第二站的后视尺，第一站的后视尺移至前面适当位置成为第二站的前视尺，按第一站相同的观测程序进行第二站测量。

6）如此连续观测、记录，直至终点。

（2）复合水准测量的施测方法。在实际测量中，由于起点与终点间距离较远或高差较大，一个测站不能全部通视，需要把两点间分成若干段，然后连续多次安置仪器，重复一个测站的简单水准测量过程，这样的水准测量称为复合水准测量，它的特点就是工作的连续性。

4. 记录

观测所得每一读数应立即记入手簿，填写时应注意把各个读数正确地填写在相应的行和栏内。例如仪器在测站 I 时，起点 A 上所得水准尺读数2.073应记入该点的后视读数栏内，照准转点 Z_1 所得读数1.526应记入 Z_1 点的前视读数栏内（图3-62）。后视读数减前视读数得 A、Z_1 两点的高差 +0.547 记入高差栏内。以后各测站观测所得均按同样方法记录（表3-4）。

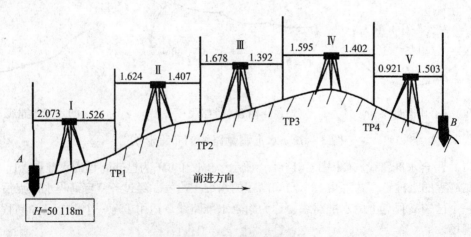

图3-62 水准路线

表 3 – 4 水准测量手簿 （m）

测站	测点	后视读数	前视读数	高差		高程	备注
				+	-		
Ⅰ	A	2.073	1.526	0.547			
Ⅱ	TP1	1.624	1.407	0.217			
Ⅲ	TP2	1.678	1.392	0.286			
Ⅳ	TP3	1.595	1.402	0.193			
Ⅴ	TP4	0.921	1.503		0.582		
Σ		7.891	7.230	1.243	0.582		
计算校核	$\sum a - \sum b = (7.891 - 7.230)$ m $= +0.661$m $\sum h = (1.243 - 0.582)$ m $= +0.661$m						

因为测量的目的是求 B 点的高程，所以各转点的高程不需计算。

为了节省手簿的篇幅，在实际工作中常把水准手簿格式简化。这种格式实际上是把同一转点的后视读数和前视读数合并填在同一行内，两点间的高差则一律填写在该测站前视读数的同一行内。其他计算和检核均相同。

在每一测段结束后或手簿上每一页之末，必须进行计算检核。检查后视读数之和减去前视读数之和 （$\sum a - \sum b$）是否等于各站高差之和 $\sum h$，并等于终点高程减起点高程。如不相等，则计算中必有错误，应进行检查。但应注意这种检核只能检查计算工作有无错误，而不能检查出测量过程中所产生的错误，如读错、记错等。

3.3.3 水准测量程序及方法

1. 水准测量的操作程序

安置一次仪器测量两点间高差的操作程序和主要工作内容如下。

（1）安置仪器。仪器尽可能安置在两测点中间。打开三脚架，高度适中，架头大致水平、稳固地架设在地面上。用连接螺栓将水准仪固定在三角架上。利用调平螺旋使水准盒气泡居中。调平方法：图 3 – 63 （a）表示气泡偏离在 a 的位置，首先按箭头指的方向同时转动调平螺旋①、②，使气泡移到 b 点，如图 3 – 63 （b），再转动调平螺旋③，使气泡居中。再变换水准盒位置，反复调平，直到水准盒在任何位置时气泡皆居中为止。转动调平螺旋让水准盒气泡居中的规律是：气泡需向哪个方向移动，左手拇指就向哪个方向转动。若使用右手，拇指就按相反方向转动。

（2）读后视读数。操作顺序为：立尺于已知高程点上—利用望远镜准星瞄准后视尺—拧紧制动螺丝—目镜对光，看清十字线—物镜对光，看清后视尺面—转动水平微动，用十字线竖丝照准尺中—调整微倾螺旋，让水准管气泡居中（观察镜中两个半圆弧相吻合）—按中丝所指位置读出后视精确读数—及时做好记录。读数后还应检查水准管气泡是否仍居中，如有偏离，应重新调整，重新读数，并修改记录。读数时要将物镜、目镜调到最清晰，以消除视差。

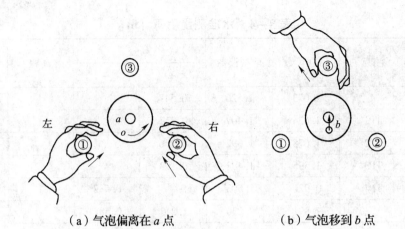

（a）气泡偏离在 a 点　　　　　　　（b）气泡移到 b 点

图 3 - 63　水准盒调平顺序

（3）读前视读数。用望远镜照准前视尺，按后视读数的操作程序，读出前视读数。

（4）做好原始记录。每一测站都应如实地把记录填写好，经简单计算、核对无误。记录的字迹要清楚，以备复查。只有把各项数据归纳完毕后，方能移动仪器。

2. 测设已知高程的点

测设已知高程的点，是根据已知水准点的高程在地面上或物体立面上测设出设计高程位置，并做好标志，作为施工过程控制高程的依据。如建筑物 ±0.000 的测设、道路中心高的测设等都属于这种方法，施工中应用较广。

测设的基本方法是：

（1）以已知高程点为后视，测出后视读数，按式（3 - 19）求出视线高。

$$视线高 = 已知高程 + 后视读数 \qquad (3 - 19)$$

（2）根据视线高先求出设计高程与视线高的高差，再计算出前视应读读数。

（3）以前视应读读数为准，在尺底画出设计高程的竖向位置。

3. 抄平测量

施工中常需同时测设若干同一标高点，如测设龙门板、设置水平桩等，施工现场称为抄平。为了提高工作效率，仪器要经过精确定平，利用视线高法原理，安置一次仪器就可测出很多同一标高的点。实际工作中一般习惯用一小木杆代替水准尺，既方便灵活，又可避免读数误差。木杆的底面应与立边相垂直。

图 3 - 64 中 A 点是建立的 ±0.000 标高点，欲在 B、C、D、E 各桩上分别测出 ±0.000 标高线。

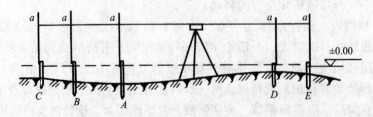

图 3 - 64　抄平

操作方法：仪器安好后，将木杆立在 A 点 ±0.000 标志上，扶尺员平持铅笔在视线的大约高度按观测员指挥沿木杆上下移动，在中丝照准位置停住，并画一横线，即视线高。然后移木杆于待抄平桩侧面，按观测员指挥上下移动木杆（注意随时调整微倾螺旋，保持水准管气泡居中）。当木杆上的横线恰好对齐中丝时，沿尺底画一横线，此线即为 ±0.000 位置。不移动仪器，采用同法即可在各桩上测出同一标高线。

要测设比 ±0.000 高 50cm 的标高线，先从木杆横线向下量 50cm 另画一横线，测设时以改后横线为准，即可测设出高 50cm 的标高线。其他情况依此类推。

需注意的是当仪器高发生变动时（重新安置仪器或重新调平），要再将木杆立在已知高程点上，重新在木杆上测出视线高横线，不能利用以前所画横线。杆上以前画的没用的线要抹掉，以防止观测中发生错误。

4. 传递测量

在实际工作中有时两点间高差很大，可采用吊钢尺法或接力法测量。

（1）吊钢尺法。某工程地下室基础深 h_0，当土方快挖到设计标高时，要根据 ±0.000 标高点向坑底引测 $-h_1$ 的标高桩，作为基础各阶段施工的标高控制点。

具体做法是在槽边设一吊杆，从杆顶向下吊一钢尺（图 3–65），尺的零端在下，钢尺下端吊一重锤以便使尺身竖直。在地面安置仪器后，先立尺于 ±0.000 点，测得后视读数 a_1（即视线高 a_1），测得钢尺读数 b_1，然后移仪器于槽内，测得钢尺读数 b_2。

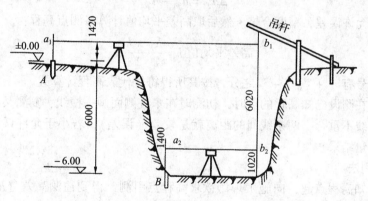

图 3–65　吊钢尺法

待测点与视线高的高差：

$$h = a_1 - (-h_1) \tag{3-20}$$

钢尺两次读数差：

$$b = b_1 - b_2 \tag{3-21}$$

故 B 尺前视应读读数：

$$a_2 = h - b \tag{3-22}$$

将水准尺立于 B 点木桩侧面，上下移动尺身，当中丝正照准应读数 a_2 时，沿尺底画一横线，该横线即是所要测设的 $-h_1$ 标高线。上例是从高处向低处引测的情况，如从低处向高处引测也可按同样方法进行。

（2）接力法。如两点间有阶梯地段，可采用接力法测设。如图 3 – 66 所示，测坑底标高做法是在阶梯地段设一转点 C，先根据地面上已知 A 点标高测出 C 点标高，然后再利用 C 点标高测出 B 点标高。

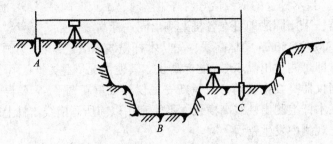

图 3 – 66　接力法

3.3.4　水准测量的成果校核

1. 复测法（单程双线法）

从已知水准点测到待测点后，再从已知水准点开始重测一次，叫复测法或单程双线法。再次测得的高差，符号（ + 、 – ）应相同，数值应相等。如果不相等，两次所得高差之差叫较差，用 $\Delta h_{测}$ 表示，即：

$$\Delta h_{测} = h_{初} - h_{复} \qquad (3-23)$$

较差小于允许误差，精度合格。然后取高差平均值计算待测点高程：

$$高差平均值\ h = \frac{h_{初} + h_{复}}{2} \qquad (3-24)$$

高差的符号有" + "、" – "之分，按其所得符号代入高程计算式。

复测法用在测设已知高程的点时，初测时在木桩侧面画一横线，复测又画一横线，若两次测得的横线不重合，两条线间的距离就是较差（误差），若小于允许误差，取两线中间位置作为测量结果。

2. 往返测法

由一个已知高程点起，向施工现场欲求高程点引测，得到往测高差（$h_{往}$）后，再向已知点返回测得返测高差（$h_{返}$），当（$h_{往} + h_{返}$）＜允许误差时，则可用已知点高程推算出欲求点高程称往返测法。两次测得的高差，符号（ + 、 – ）应相反，往返高差的代数和应等于零。如不等于零，其差值叫较差。即：

$$\Delta h_{测} = h_{往} + h_{返} \qquad (3-25)$$

较差小于允许误差，精度合格。取高差平均值计算待测点高程：

$$高差平均值\ h = \frac{h_{往} - h_{返}}{2} \qquad (3-26)$$

3. 闭合测法

从已知水准点开始，在测量水准路线上若干个待测点后，又测回到原来的起点上（图 3 –67），由于起点与终点的高差为零，所以全线高差的代数和应等于零。如不等于零，其差值叫闭合差。闭合差小于允许误差，叫精度合格。

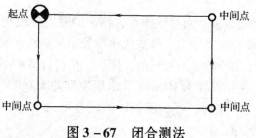

图 3 – 67 闭合测法

在复测法、往返测法和闭合测法中，都是以一个水准点为起点，如果起点的高程记错、用错或点位发生变动，即使高差测得正确，计算也无误，测得的高程还是不正确的。因此，必须注意准确地抄录起点高程并检查点位有无变化。

4. 附和测法

从一个已知高程点开始，测完待测点（一个或数个）后，继续向前施测到另一个已知高程点上闭合（图 3 – 68）。把测得终点对起点的高差与已知终点对起点的高差相比较，其差值叫闭合差，闭合差小于允许误差，精度合格。

图 3 – 68 附和测法

实测中最好不使用往返测法与闭合测法，因为这两种方法只以一个已知高程点为依据，如果这个点动了、高程错了或用错了点位，在计算最后成果中均无法发现。

3.3.5 水准测量误差分析及注意事项

1. 水准测量的主要误差来源及其消减方法

水准测量的误差包括仪器误差、观测误差及外界条件影响 3 个方面。

（1）仪器误差。

1）望远镜视准轴与水准管轴不平行的误差。水准仪在使用前，虽然经过检验校正，但实际上很难做到视准轴与水准管轴严格平行，还会留有残余的 i 角误差。i 角引起的水准尺读数误差与仪器至标尺的距离成正比，只要观测时注意使后、前视距相等，便可消除或减弱 i 角误差的影响。实际上，在水准测量的每站观测中，使后、前视距完全相等是不容易做到的，因此，测量规范对每一测站的后、前视距离之差和每一测段的后、前视距离的累计差规定了一个限值，这样，就把残余 i 角对所测高差的影响限制在可忽略的范围内。

2）水准尺误差。水准尺误差包括尺长误差、分划误差和零点误差，这些误差均会影响水准测量的精度，因此，水准尺需经过检验才能使用。至于一对水准尺的零点差，可以在每个测段的观测中采用设置偶数个测站的方法予以消除。

（2）观测误差。

1）精平误差。水准测量读数前必须精平，精平的程度反映视准轴水平的程度。若精平仪器时，管水准气泡没有精确居中，将造成水准管轴偏离水平面而产生误差，因为这种误差在前视和后视读数中的影响是不相同的，所以，高差计算中不能抵消其影响。当水准管分划值 $\tau = 20''/2mm$、视线长度为 100m、气泡居中误差为 0.15 格时，所引起的读数误差可达 1.5mm；误差为 0.5 格时，所引起的读数误差可达 5mm。因此，水准测量时一定要严格精平，并果断、快速读数。

2）估读误差。普通水准测量观测中的毫米位数字，是按照十字丝横丝在水准尺厘米分划内的位置进行估读的，在望远镜内看到的横丝宽度相对于厘米分划格宽度的比例决定了估读的精度。读数误差与望远镜的放大倍率和视距长有关，视距愈长，读数误差愈大。有关规范对不同等级水准测量的视距长均作了规定，作业时应认真执行。

3）水准尺倾斜误差。在水准测量读数时，如果水准尺在视线方向前后倾斜，观测员很难发现，由此造成水准尺读数总是偏大，视线越靠近尺的顶端，误差就越大。所以在读数时，应特别注意将水准尺扶直。在水准尺上安装圆水准器是保证尺子竖直的主要措施。如果尺子上没有圆水准器或水准器不起作用，可应用"摇尺法"进行读数，读数时，向前、后缓慢摇动尺子，使十字丝横丝在尺上的读数缓慢改变，读取变化中的最小读数，即为尺子竖直时的读数。

（3）外界条件影响。

1）仪器下沉和尺垫下沉误差。在土壤松软地区测量时，水准仪在测站上随操作时间的增加而下沉，发生在两尺读数之间的下沉，会使后读数的尺子读数比应有读数小，造成高差测量误差。采用"后—前—前—后"的观测顺序可以减少仪器下沉的影响。此外，仪器最好安置在坚实的地面，脚架踩实，快速观测。

仪器在搬到下一站尚未读后视读数的一段时间内，转点处尺垫可能下沉，使该站后视读数增大，从而引起高差误差。采用往返观测、取其成果的平均值，可以减弱该项误差影响。另外，应尽可能将转点选择在坚硬的地面上，还要注意踩实尺垫，观测间隔可将水准尺从尺垫上取下，减少下沉量。

2）大气折光的影响。视线在大气中穿过时，会受到大气折光影响。通常视线离地面越近，光线的折射也就越大。观测时应尽量使视线保持一定高度，这样可减少大气折光的影响。有关规范对不同等级水准测量的视线离地面高度规定了一个限值，作业时应认真执行。

3）日照及风力引起的误差。日照及风力的影响是综合的，比较复杂。当日光照射水准仪时，由于仪器各构件受热不均匀而引起的不规则膨胀，将影响仪器轴线间的正常关系，使观测产生误差。风大时，会使仪器抖动，不容易精平等，这些都会引起误差。为了减弱日照及风力引起的误差影响，除尽量选择好天气进行外业作业外，在观测时，应注意给仪器撑伞遮阳。

2. 水准测量注意事项

（1）扶尺"四要"。

1）尺子要检查。测量前要检查标尺，刻度是否准确，塔尺衔接处是否严密，工作中随时检查套接处是否有自行滑下现象。尺底或尺垫顶上不要粘有泥土。

2）转点要牢靠。转点最好用尺垫，选在土质坚硬并踩实的地面上。如果在硬化地面或多石地区，可不用尺垫，但转点要在坚实稳固而又有凸棱的点（与尺垫突起部分相似）上。确保转点在两个测站的前后视中不改变位置或下沉。

3）扶尺要立直。标尺如有横向倾斜，观测者易于发现，应指挥扶尺员纠正；如果标尺前后倾斜则不易发现，造成读数偏大。故扶尺时身体要站直，双手扶尺（但不要手掩尺正面），保证尺竖直立好，尺上有水准器时，可使气泡居中。读数愈大，尺的倾斜对高差影响愈大，当读数超过 2m 时，现场多用摇尺法读数。

4）要用同一对尺。由于标尺底部的磨损或包铁松动，将使标尺零点位置不准，为消除其影响，在同一测段内要用同一对尺，且测站设为偶数站。

（2）观测"六要"。

1）仪器要检校。测量前把仪器校正好，使各轴线间满足几何条件。

2）仪器要安稳。中心连接螺旋应稳妥可靠，松紧适当，架腿尖踩牢土中，观测时不可扶压和跨骑脚架，观测完后视点转向前视点时不能碰动仪器。

3）前后视线要等长。前、后视线长相等，可以消除或减弱 i 角误差以及地球曲率等的影响，对于地面坡度不大的较平坦地区还可消除大气折光的影响。最大视线长度不能超过 150m，视线不要靠近地面，离地面高度最好不小于 0.3m。

4）视线要严格水平。使用微倾式水准仪度数前气泡要符合，为避免匆忙读数之差错，读数前后均应检查气泡是否符合。烈日下要打伞。

5）读数要准确。精心对光，消去视差，是读数准确的前提。读数时不要误将视距丝当成中横丝。要认清标尺刻画特点，由于分米注字因尺而异，尤其要分清分米的确切位置。每次读数和记录要记够 4 位数，这样可以避免将分米误读成厘米，或将厘米误读成毫米。

6）迁站要慎重。没有读前视读数时，不得匆忙搬动仪器，以免使水准路线中间脱节，造成返工。中途停测时，应将前视点选在容易寻找的固定点，并做好标记，列入记录，记下位置特征，以便下次续测。

迁站时，先检查仪器连接螺旋，然后将脚螺旋调至中间平齐位置，收拢脚架，一手扶着基座及架头，一手抱着架腿，斜置于胸前迁站。不得将仪器扛在肩上或夹在腋下迁站，以免造成仪器事故。如果道路难走或距离较远，应将仪器装箱迁站。

此外，烈日下应打伞，观测时间以早晚为好，夏日中午应停止观测。

（3）记录"四要"。

1）要复诵。读数列入记录时，边记边复诵，避免听错记错。

2）记录要清楚。按规定格式填写，字迹清晰端正，字高为横格的 2/3～1/2，不要挤满格子。点号要记清，前、后视读数不得遗漏，严禁颠倒。

3）要原始记录。当场用硬铅笔填在记录簿中，不得誊抄或转抄。写错字应用一短横线划去，在上面空白部重记，不可用橡皮擦改。

4）记录要复核。记录者及时根据读数算出高差，记入记录簿，并作计算及验算，再由另一个人复核，并且签名以示责任。

3.4 角度测量

3.4.1 角度测量原理

1. 水平角测量原理

水平角一般是指地面上一点到两个目标点的方向线垂直投影到水平面上的夹角。如图 3 – 69 所示，设 A、B、C 是三个位于地面上不同高程的任意点，B_1A_1、B_1C_1 为空间直线 BA、BC 在水平面上的投影，B_1A_1 与 B_1C_1 的夹角 β 即为地面点 B 上由 BA、BC 两方向线所构合而成的水平角。

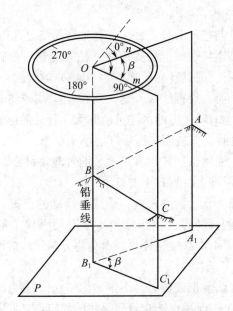

图 3 – 69　水平角的测量原理

为了测量水平角 β，可先设想在过 B 点的上方水平地安置一个带有顺时针刻画、标注的圆盘，称为水平度盘，并使其圆心 O 在过 B 点的铅垂线上，直线 BA、BC 在水平度盘上的投影为 O_m、O_n；这时，如果能读出 O_m、O_n 在水平度盘上的读数 m 和 n，水平角 β 就等于 m 减 n，可用公式表示为：

$$\beta = 右目标读数 \ m – 左目标读数 \ n \tag{3 – 27}$$

综上所述，用于测量水平角的仪器，必须有一个能安置水平、同时能使其中心处于过测站点铅垂线上的水平度盘；此外，必须有一套能精确读取度盘读数的读数装置；还应该有一套不仅能上下转动成竖直面，还能绕铅垂线水平转动的望远镜，以便精确照准方向、高度、远近不同的目标。

水平角的取值范围为 $0° \sim 360°$。

2. 竖直角测量原理

在同一竖直面内，测站点到目标点的视线与水平线之间的夹角称为竖直角。如

图 3 - 70 所示，视线 AB 与水平线 AB' 的夹角 α 为 AB 方向线的竖直角。其角值从水平线算起，向上为正，称为仰角；向下为负，称为俯角。其范围为 $0° \sim \pm 90°$。

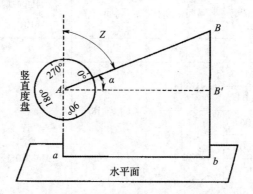

图 3 - 70 竖直角的测量原理

视线与测站点天顶方向之间的夹角称为天顶距。图 3 - 70 中以 Z 表示，其数值为 $0° \sim 180°$，均为正值。很显然，同一目标的竖直角 α 和天顶距 Z 之间有如下关系：

$$\alpha = 90° - Z \tag{3-27}$$

为了观测天顶距或竖直角，在经纬仪上必须装置一个带有刻画和注记的竖直圆盘，即竖直度盘，该度盘中心安装在望远镜的旋转轴上，同时随望远镜一起上下转动；竖直度盘的读数指标线与竖盘指标水准管相连，如果该水准管气泡居中时，指标线处于某一固定位置。显然，照准轴水平时的度盘读数与照准目标时度盘读数之差，即是所求的竖直角 α。

光学经纬仪是根据上述测角原理设计并制造的一种测角仪器。

3.4.2 水平角测量的方法和步骤

1. 测回法

测回法适用于观测只有两个方向的单角。如图 3 - 71 所示，预测 OA、OB 两方向之间的水平角，在角顶 O 安放仪器，在 A、B 处分别设立观测标志，可依照下列步骤观测（以第一测回为例）。

（1）上半测回（盘左）。

1）在 O 点处将仪器对中整平后，首先以盘左（竖盘在望远镜视线方向的左侧时称盘左）使用望远镜上的粗瞄器，粗略照准左方目标 A；旋紧照准部及望远镜的制动螺旋，然后用照准部及望远镜的微动螺旋精确照准目标 A，并且需要注意消除视差及尽可能照准目标的底部；利用水平度盘变换手轮将水平度盘读数置于稍大于 $0°$ 处，同时读取该方向上的水平读数 $a_{左}$（$0°12'00''$），记入表 3 - 5 中。

2）松开照准部及望远镜的制动螺旋，依照顺时针方向转动照准部，粗略照准右方目标 B，然后旋紧两制动螺旋，用两微动螺旋精确照准目标 B，同时读取该方向上的水平度盘读数 $b_{左}$（$91°45'00''$），记入表 3 - 5 中。盘左所得角值 $\beta_{左} = b_{左} - a_{左}$。

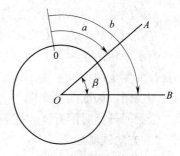

图 3 - 71 测回法基本原理

表 3 –5　测回法观测手簿（°′″）

测站	测点	盘位	水平度盘读数	半测回平角值	一测回直值	各测回平均角值	备　注
1	2	3	4	5	6	7	8
O	A	左	0 12 00	91 33 00	91 33 08	91 33 06	
	B		91 45 00				
	B	右	271 45 06	91 33 16			
	A		180 11 50				
	A	左	90 06 12	91 33 06	91 33 03		
	B		181 39 18				
	B	右	1 39 06	91 33 00			
	A		270 06 06				

以上称之为上半测回或盘左半测回。

（2）下半测回（盘右）。

1）先将望远镜纵转 180°，改为盘右。重新照准右方目标 B，同时读取水平度盘读数 $b_右$（271°45′06″），记入表 3 –5 中。

2）再按照顺时针或逆时针方向转动照准部，照准左方目标 A，读取水平度盘读数 $a_右$（180°11′50″），那么盘右所得角值 $\beta_右 = b_右 - a_右$。

以上称为下半测回或盘右半测回。两个半测回角值之差不超过规定限值时，取盘左盘右所得角值的平均值 $\beta =$（$\beta_左 + \beta_右$）/2，即为一测回的角值。根据测角精度的要求，可以测多个测回然后取其平均值，作为最后成果。观测结果应及时记入手簿，同时进行计算。手簿的格式如表 3 –5 所示。

上、下半测回合称为一个测回。上、下两个半测回所得角值差，要满足有关测量规范规定的限差，对于 DJ_6 级经纬仪，限差一般为 40″。假若超限，那么必须重测，如果重测的两半测回角值之差仍然超限，但两次的平均角值十分接近，那么说明这是由于仪器误差造成的。取盘左盘右角值的平均值时，仪器误差可以得到抵消，因此，各测回所得的平均角值是正确的。

另需注意，计算角值时始终应以右边方向的读数减去左边方向的读数；若右方向读数小于左方向读数，那么右方向读数应先加 360°然后再减左方向读数。

当水平角需观测多个测回时，为了减少度盘刻度不均匀的误差，每个测回的起始方向都要改变度盘的位置，要按其测回数 n 将水平度盘读数改变 180°/n，然后再开始下一个测回的观测。如欲测两个测回，第一个测回时，水平度盘起始读数配置在稍大于 0°处，第二个测回开始时配置读数在应稍大于 90°处。

2. 方向观测法

方向观测法又称全圆测回法，测回法适用两个方向观测，当在一个测站上需观测三个或三个以上方向时，一般采用方向观测法（两个方向也可采用）。它的直接观测结果是各个方向相对于起始方向的水平角值，也称为方向值。相邻方向的方向值之差，就是各相邻方向间的水平角值。如图3-72所示，设在O点有OA、OB、OC、OD四个方向，具体操作步骤如下：

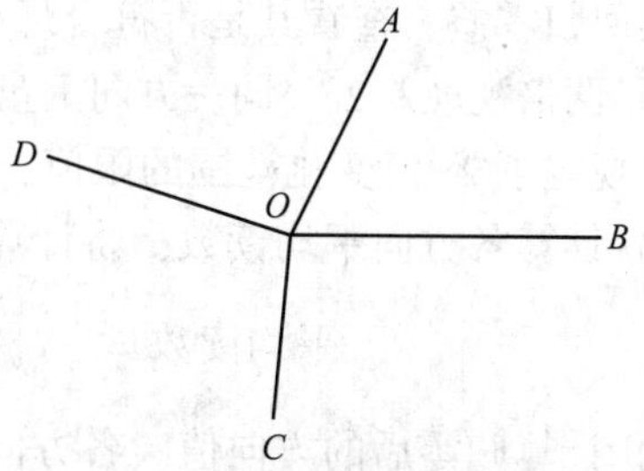

图3-72 方向观测法基本原理

（1）上半测回。

1）在O点安置好仪器，先盘左瞄准起始方向A点，设置水平度盘读数，稍大于0°，读数并且记入表3-6中。

表3-6 方向法观测手簿 （°′″）

测站	测回数	目标	水平盘读数		2c	平均读数	归零后方向值	各测回归零方向值的平均值
			盘左	盘右				
1	2	3	4	5	6	7	8	9
O	1	A	00 15 00	180 15 12	-12	(00 15 03) 00 15 06	0 00 03	0 00 01
		B	41 54 54	221 52 00	-6	41 51 57	41 36 54	441 36 51
		C	111 43 18	291 43 30	-12	111 43 24	111 28 21	111 28 15
		D	253 36 06	73 36 12	-6	253 36 09	253 21 06	253 21 03
		A	00 14 54	180 15 06	-12	00 15 00		
	2	A	90 03 30	270 03 36	-6	(90 03 33) 90 03 33	0 00 00	
		B	131 40 18	311 40 24	-6	131 40 21	41 36 48	
		C	201 31 36	21 21 48	-12	201 31 42	111 28 09	
		D	343 24 30	163 24 36	-6	343 24 33	253 21 00	
		A	90 03 30	270 03 36	-6	90 03 33		

2）按照顺时针方向依次瞄准B、C、D各点，分别读取各读数，最后再瞄准A读数，称为归零。以上读数均记入表3-6第3栏，两次瞄准起始方向A的读数差称为归零差。

（2）下半测回。

1）倒转望远镜改为盘右，瞄准起始方向A点，读取水平度盘读数，记入表3-6中。

2）按照逆时针方向依次照准D、C、B、A，分别读取水平度盘读数记入表中，下半测回各读数记入表3-6中第4栏。

以上分别为上、下半测回，构成一个测回。

（3）测站计算。

1）半测回归零差计算。计算表3-6第3栏和第4栏中起始方向A的两次读数之差，即半测回归零差，查看其是否符合规范规定要求。

2）两倍视准差2c。同一方向上盘左盘右读数之差2c = 盘左读数 – （盘右读数 ±180°）。规范只规定了2c值变化范围的限值，对于DJ₆未作具体规定。

3）计算各方向平均读数，将计算结果填入表3–6中第6栏。

$$平均读数 = \frac{1}{2}\left[盘左读数 + （盘右读数 ±180°）\right]$$

4）计算归零后的方向值。各方向的平均读数减去括号内起始方向的平均读数后得各方向归零后方向值，并填入表3–6中第7栏。

5）计算各测回归零后方向值的平均值。各测回归零后同一方向值之差符合规范要求之后，取其平均值作为该方向最后结果，填入表3–6中第8栏。

6）计算各方向之间的水平角值。将表3–6中第8栏中相邻两方向值相减即得水平角值。

为了有效避免错误以及保证测角的精度，对以上各部分的计算的限差，规范规定见表3–7。

表3–7　方向观测法技术要求（″）

仪器型号	光学测微器两次重合读数之差	半测回归零差	各测回同方向2c值互差	各测回同一方向值互差
DJ₂	3	8	13	10
DJ₆	—	18	—	24

3.4.3　竖直角观测

1. 观测

（1）将经纬仪安置在测站点上，经对中整平后，量取仪器高。

（2）用盘左位置瞄准目标点，使十字丝中横丝切准目标的顶端或指定位置，调节竖盘指标水准管微动螺旋，使竖盘指标水准管气泡严格居中，并读取盘左读数 L 并记入手簿，为上半测回。

（3）纵转望远镜，用盘右位置再瞄准目标点相同位置，调节竖盘指标水准管微动螺旋，使竖盘指标水准管气泡居中，读取盘右读数 R。

2. 计算

（1）计算平均竖直角：盘左、盘右对同一目标各观测一次，组成一个测回。一测回竖直角值（盘左、盘右竖直角值的平均值即为所测方向的竖直角值）。

$$\alpha = \frac{\alpha_左 - \alpha_右}{2} \tag{3-28}$$

（2）竖直角 $\alpha_左$ 与 $\alpha_右$ 的计算：如图3–73所示，竖盘注记方向有全圆顺时针和全圆逆时针两种形式。竖直角是倾斜视线方向读数与水平线方向值之差，根据所用仪器竖盘注记方向形式来确定竖直角计算公式。确定方法是：盘左位置，将望远镜大致放平，看一下竖盘读数接近0°、90°、180°、270°中的哪一个，盘右水平线方向值为270°，然后将望远镜慢慢上仰（物镜端抬高），看竖盘读数是增加还是减少，如果是增加，则为逆时针方向注记$0° \sim 360°$，竖直角计算公式为：

$$\alpha_{左} = L - 90° \tag{3-29}$$
$$\alpha_{右} = 270° - R \tag{3-30}$$

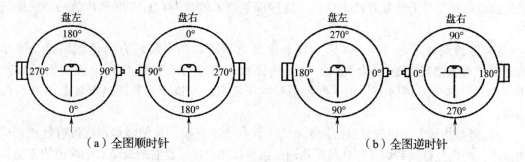

盘左　　　　盘右　　　　　　　盘左　　　　盘右

（a）全图顺时针　　　　　　　（b）全图逆时针

图 3-73　竖盘注记示意图

如果是减少，则为顺时针方向注记$0° \sim 360°$，竖直角计算式为：

$$\alpha_{左} = 90° - L \tag{3-31}$$
$$\alpha_{右} = R - 270° \tag{3-32}$$
$$\alpha = 90° - Z \tag{3-33}$$

为了观测天顶距或竖直角，经纬仪上必须装置一个带有刻划注记的竖直圆盘，即竖直度盘，刻度盘中心在望远镜旋转轴上，并且随望远镜一起上下转动；竖直度盘的读数指标线与竖盘指标水准管相连，当该水准管气泡居中时，指标线处于某一固定位置。显然，照准轴水平时的度盘读数与照准目标时度盘读数之差，即为所求的竖直角 α。

3.4.4　角度测量的误差及注意事项

1. 角度测量的误差

在角度测量中，误差的来源主要有仪器误差、观测误差及外界条件 3 个方面。为提高成果的精度，必须分析这些误差的影响，并在工作中采取相应措施，消除或减弱误差对测角的影响。现将其几种主要误差来源介绍如下：

（1）仪器误差。仪器误差主要包括仪器检校不完善和制造加工不完备引起的误差，主要有以下几个方面的误差。

1）视准轴误差。视准轴误差是因为视准轴不垂直横轴引起的水平方向读数误差。由于盘左、盘右观测时该误差的符号相反，因此可以采用盘左、盘右观测取平均值的方法消除。

2）横轴误差。横轴误差是由于横轴与竖轴不垂直而引起水平方向计数存在误差。由于盘左、盘右观测同一目标时的水平方向读数误差大小相等、方向相反。所以也可以采用盘左、盘右观测取平均值的方法消除。

3）竖轴误差。竖轴误差是由于水准管轴不垂直竖轴，或者水准管不水平而引起的误差。这种误差不能通过盘左盘右观测取中数的方法消除其对水平角观测方向的影响。只能通过校正尽量减少残存误差，测量前应严格检校仪器，观测时仔细整平，并始终保持照准部水准管气泡居中。

视准轴误差、横轴误差和竖轴误差是经纬仪的三个主轴误差，一般称为三轴误差，它是仪器误差的主要组成部分，必须予以充分重视。

4）照准部偏心误差。照准部偏心误差是指照准部旋转中心与水平度盘中心不重合，导致指标在刻度盘上读数时产生误差，这种误差可采取盘左、盘右取平均值的办法来抵消。

5）度盘刻划不均匀误差。因为仪器度盘刻划不均匀引起的方向读数误差，可以通过配置度盘各测回起始读数的方法，使读数均匀地分布在度盘各个区间而予以减小。电子经纬仪采用的不是光学度盘而是电子度盘，所以不需要通过配置起始度盘的读数。

6）竖盘指标差。由于竖盘指标水准管工作状态不正确，致使竖盘指标没有处在正确的位置，产生竖盘读数误差。这种误差同样也可以用盘左、盘右的观测取平均值的方法加以消除。

（2）观测误差。

1）仪器对中误差。是指仪器经过对中后，仪器竖轴没有与过测站点中心的铅垂线严密重合的误差（也称测站偏心误差）。

如图3-74，O 点为测站点，A、B 为目标点，O' 为仪器中心在地面上的投影。OO' 为偏心距，用 e 表示。则对中引起的测角误差为：

$$
\begin{cases}
\beta = \beta' + (\varepsilon_1 + \varepsilon_2) \\
\varepsilon_1 \approx \dfrac{\rho''}{D_1} e \sin\theta \\
\varepsilon = \varepsilon_1 + \varepsilon_2 = \rho'' e \left[\dfrac{\sin\theta}{D_1} + \dfrac{\sin(\beta'-\theta)}{D_2} \right]
\end{cases}
\tag{3-34}
$$

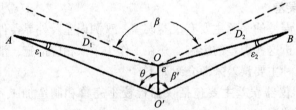

图3-74 对中误差对水平角的影响

从式（3-34）可见，对中误差的影响 ε 与偏心距 e 成正比，与边长 D 成反比。当 $\beta' = 180°$，$\theta = 90°$ 时 ε 角值最大。这种误差不能通过观测方法消除，所以在测水平角时要仔细对中，在短边测量时更要严格对中。

2）整平误差。是指仪器安置未严格水平产生的误差。整平误差导致水平度盘不能严格水平，竖盘及视准面不能严格竖直。它对测角的影响与目标的高度有关，如果目标与仪器同高，其影响很小；若目标与仪器高度不同，其影响将随高差的增大而增大。因此，在丘陵、山区观测时，必须精确整平仪器。

3）目标偏心误差。是指在观测中，实际瞄准的目标位置偏离地面标志点而产生的误差。如标杆倾斜，或没有瞄准底部，则产生目标偏心误差。如图 3 – 75 所示，O 为测站，A 为地面目标，AA' 为标杆，杆长为 d，杆倾角为 α，目标偏心差为：

$$e = d\sin\alpha \qquad (3-35)$$

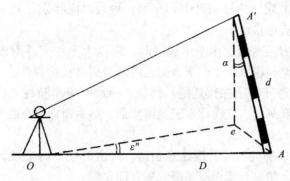

图 3 – 75　目标偏心误差

目标偏斜对观测方向影响为：

$$\varepsilon = \frac{e}{D}\rho = \frac{d\sin\alpha}{D}\rho \qquad (3-36)$$

由式（3 – 36）可知，目标偏心差对水平方向的影响与照准点偏离目标中心的距离成正比，与边长成反比。因此观测时应尽量瞄准标杆的底部，标杆要尽可能竖直，在边较短时，要注意将标杆竖直并立在点位中心，或采用垂球对点。

4）照准误差。测角时由人眼通过望远镜瞄准目标产生的误差称为照准误差。影响照准误差的因素很多，如人眼分辨率、望远镜放大倍数、十字丝的粗细、标志形状和大小、目标影像亮度、颜色等，一般以人眼最小分辨视角（60″）和望远镜放大率 v 来衡量仪器的照准精度，为：

$$m_v = \pm\frac{60''}{v} \qquad (3-37)$$

对于 DJ_6 型经纬仪，$v = 28$，则 $m_u = \pm 2.2''$。

此项误差无法消除，只能选择适宜的照准目标，改进照准方法，仔细完成照准操作。

5）读数误差。读数误差主要取决于仪器读数设备，通常以仪器最小估读数作为读数误差的极限，对于 DJ6 级经纬仪，其读数误差的极限为 6″。如果照明情况不佳或者显微目镜调焦不好以及观测者技术不熟练，其读数误差将会超过 6″，但是一般不大于 20″。所以，观测时必须准确估读。

（3）外界条件的影响。外界条件的影响主要指各种外界条件的变化对角度观测精度的影响。如大风影响仪器稳定；大气透明度差影响照准精度；空气温度变化，特别是太阳直接的暴晒，可能使脚架产生扭转、并影响仪器的正常状态；地面辐射热会引起空气剧烈波动，使目标影像变得模糊甚至飘移；视线贴近地面或通过建筑物旁、冒烟的烟囱上方；接近水面的空间等还会产生不规则的折光；地面坚实与否影响仪器的稳定程度等。这些影响是极其复杂的，要想完全避免是不可能的，但大多数与时间有关。因此，在角度观测时应注意选择有利的观测时间；且操作要轻稳；尽可能缩短一测回的观测时间；不让太阳暴晒仪器；尽可能避开不利条件等，以减少外界条件变化的影响。

2. 角度测量的注意事项

为了确保测角的精度，满足测量的要求，观测时必须注意下列事项：

（1）观测前应先检验仪器，发现仪器有误差应立即进行校正。

（2）安置仪器要稳定，应仔细对中和整平。短边时应特别注意对中，在地形起伏较大的地区进行观测，应严格整平。

（3）目标处的标杆应竖直，水平角观测时，应以十字丝交点附近的竖丝尽量瞄准目标底部；竖直角观测时，应以十字丝交点附近的横丝照准目标顶部。

（4）观测时严格遵守各项操作规定。例如：照准时应消除视差；水平角观测时，切勿误动度盘；竖直角观测时，应在读取竖盘读数前，显示指标水准管气泡居中，或打开自动补偿装置。

（5）读数应果断、准确。尤其应注意估读。观测时应及时记录和计算，各项误差值应在规定的限差以内，如果有错误或超限，应立即重测。

（6）选择有利的观测时间和避开不利的外界条件。

3.5　距离测量

3.5.1　钢尺量距

1. 直线定线

（1）目测定线。目测定线就是用目测的方法，用标杆将直线上的分段点标定出来。

如图 3 - 76 所示，MN 是地面上互相通视的两个固定点，C、D…为待定段点。定线时，先在 M、N 点上竖立标杆，测量员甲位于 M 点后 1m ~ 2m 处，视线将 M、N 两标杆同一侧相连成线，然后指挥测量员乙持标杆在 C 点附近左右移动标杆，直至三根标杆的同侧重合到一起时为止。同法可定出 MN 方向上的其他分段点。定线时要将标杆竖直。

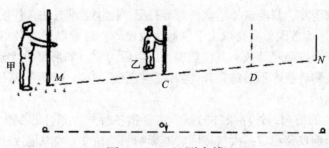

图 3 - 76　目测定线

在平坦地区，定线工作常与丈量距离同时进行，即边定线边丈量。

（2）过高地定线。如图 3 - 77 所示，M、N 两点在高地两侧，互不通视，欲在 MN 两点间标定直线，可以采用逐渐趋近法。先在 M、N 两点上竖立标杆，甲、乙两人各持标杆分别选择 O_1 和 P_1 处站立，要求 N、P_1、O_1 位于同一直线上，且甲能看到 N 点，乙能看到 M 点。可先由甲站在 O_1 处指挥乙移动至 NO_1 直线上的 P_1 处。然后，由站在 P_1 处的乙指挥

甲移至 MP_1 直线上的 O_2 点，要求 O_2 能看到 N 点，接着再由站在 O_2 处的甲指挥乙移至能看到 M 点的 P_2 处，这样逐渐趋近，直到 O、P、N 在一直线上，同时 M、O、P 也在一直线上，这时说明 M、O、P、N 均在同一直线上。

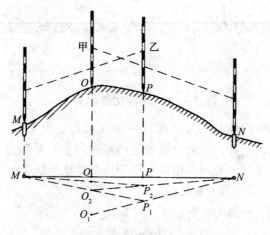

图 3 – 77　过高地定线

（3）经纬仪定线。若量距的精度要求较高或两端点距离较长时，宜采用经纬仪定线，如图 3 – 78 所示，欲在 MN 直线上定出点 1、2、3…。在 M 点安置经纬仪，对中、整平后，用十字丝交点瞄准 N 点标杆根部尖端，然后制动照准部，望远镜可以上、下移动，并根据定点的远近进行望远镜对光，指挥标杆左右移动，直至 1 点标杆下部尖端与坚丝重合为止。其他点 2、3…的标定，只需要将望远镜的俯角变化，即可定出。

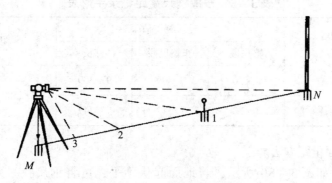

图 3 – 78　经纬仪定线

2. 钢尺的一般量距

（1）在平坦地面量距方法。要丈量平坦地面上 A、B 两点间的距离，其做法是：先在标定好的 A、B 两点立标杆，进行直线定线，如图 3 – 79 所示，然后进行丈量。丈量时后尺手拿尺的零端，前尺手拿尺的末端，两尺手蹲下，后尺手把零点对准 A 点，喊"预备"，前尺手把尺边近靠定线标志钎，两人同时拉紧尺子，当尺拉稳后，后尺手喊"好"，前尺手对准尺的终点刻划将一测钎竖直插在地面上，如图 3 – 79 所示。这样就量完了第一尺段。

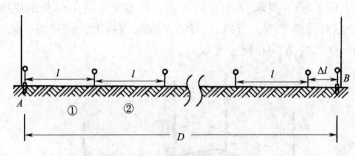

图 3-79 距离丈量示意图

用同样的方法，继续向前量第二、第三…第 N 尺段。量完每一尺段时，后尺手必须将插在地面上的测钎拔出收好，用来计算量过的整尺段数。最后量不足一整尺段的距离，如图 3-79 所示，当丈量到 B 点时，由前尺手用尺上某整刻划线对准终点 B，后尺手在尺的零端读数至 mm，量出零尺段长度 Δl。

上述过程称为往测，往测的距离用下式计算：

$$D = nl + \Delta l \qquad (3-38)$$

式中：l——整尺段的长度；

  n——丈量的整尺段数；

  Δl——零尺段长度。

接着再调转尺头用以上方法，从 B 至 A 进行返测，直至 A 点为止。然后再依据式 (3-38)计算出返测的距离。一般往返各丈量一次称为一测回，在符合精度要求时，取往返距离的平均值作为丈量结果。量距记录表见表 3-8。

表 3-8 一般钢尺量距记录手簿表

测　　线		观　测　值			精　　度	平　均　值
		整尺段	非整尺段	总长		
AB	往	3×30	7.309	97.309	1/2500	97.328
	返	3×30	7.347	97.347		

（2）倾斜地面量距方法。

1）平量法。如图 3-80 所示，若地面起伏不平，可将钢尺拉平丈量。丈量由 A 向 B 进行，后尺手将尺的零端对准 A 点，前尺手将尺抬高，并且目估使尺水平，用垂球尖将尺段的某一分划投影于 AB 方向线的地面上，再插以测钎进行标定，并记下此分划读数。依次进行，丈量 AB 的水平距离。一直量到终点 B。则 AB 两点间的平距 D 为：

$$D = L_1 + L_2 + \cdots + L_n \qquad (3-39)$$

L_i（$i = 1$、2、$\cdots$、n）可以是整尺长，当地面坡度较大时，也可以是不足一整尺的长度。

如果地面倾斜较大，将钢尺整尺拉平有困难时，可将一尺段分成几段来平量。

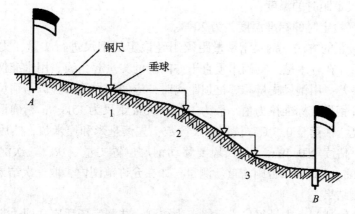

图 3 – 80　平量法

2）斜量法。当倾斜地面的坡度比较均匀时，如图 3 – 81 所示，可沿斜面直接丈量出 AB 的倾斜距离 D'，测出地面倾斜角 α 或 AB 两点间的高差 h，计算 AB 的水平距离 D。

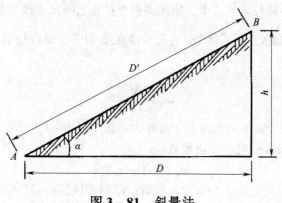

图 3 – 81　斜量法

$$D = D'\cos\alpha \tag{3-40}$$

$$D = \sqrt{D'^2 - h^2} \tag{3-41}$$

3. 钢尺的精密量距

用一般方法量距，量距精度只能达到 1/1000 ~ 1/5000，当量距精度要求更高时，必须采用精密的方法进行丈量。

（1）钢尺的检定及尺长方程式。由于钢尺的钢材质量、制造工艺以及丈量时温度和拉力等因素影响，往往使其实际长度不等于它所标称的名义长度。若用其测量距离，将会产生尺长、温度或拉力误差。因此，丈量之前必须对钢尺进行检定，得出钢尺在标准拉力和标准温度下（20℃）的实际长度，通过检定，给出钢尺的尺长方程式：

$$l = l_0 + \Delta l + \alpha \cdot l_0 \ (t - t_0) \tag{3-42}$$

式中：l——钢尺的实际长度（m）；

l_0——钢尺的名义长度（m）；

Δl——检定时，钢尺实际长度与名义长度之差，即钢尺尺长改正数；

α——钢尺的线膨胀系数，通常取 $\alpha = 1.25 \times 10^{-5}/℃$；

t——钢尺量距时的温度；

t_0——钢尺检定时的标准温度，为 20℃。

（2）精密量距的方法。钢尺精密量距须用经检定的钢尺进行丈量，丈量前应先用经纬仪进行定线，并在各木桩上刻画出垂直于方向线的丈量起止线。用水准仪测出各相邻木桩桩顶之间的高差；用钢尺丈量相邻桩顶距离时，应使用弹簧秤施以与钢尺检定时一致的标准拉力（30m 钢尺，标准拉力值一般为 10kg；50m 钢尺为 15kg）；精确记录每一尺段丈量时的环境温度，估读至 0.5℃；读取钢尺读数，先读毫米和厘米数，然后把钢尺松开再读分米和米数，估读至 0.5mm。每尺段要移动钢尺位置丈量三次，三次测得结果的较差一般不应超过 2mm～3mm，否则需重新测量。如在允许范围内，取三次结果的平均值，作为该尺段的观测结果。

按上述方法，从起点丈量每尺段至终点为往测，往测完毕后应立即返测。

（3）水平距离的计算。首先需对每一尺段长度进行尺长改正和温度改正，计算出每尺段的实际倾斜距离；根据各相邻木桩桩顶之间的高差，计算出每尺段的实际水平距离；最后计算全长并评定精度。

1）尺长改正。在尺长方程式中，钢尺的整个尺长 l_0 的尺长改正数为 Δl（即钢尺实际长度与名义长度的差值），则每量 1m 的尺长改正数为 $\dfrac{\Delta l}{l_0}$，量取任意长度 l 的尺长改正数 Δl_d 为：

$$\Delta l_d = \frac{\Delta l}{l_0} \times l \qquad (3-43)$$

2）温度改正。由于丈量时的温度 t 与标准温度 t_0 不相同，引起钢尺的缩胀，对量取长度 l 的影响为该段长度的温度改正数 Δl_t：

$$\Delta l_t = \alpha\ (t - t_0)\ l \qquad (3-44)$$

对每一尺段 l 进行尺长改正和温度改正后，即得到该段的实际倾斜距离 d'：

$$d' = l + \Delta l_d + \Delta l_t \qquad (3-45)$$

3）尺段水平距离计算。将实际倾斜距离 d'，利用测得的桩顶之间的高差，按式（3-46）计算，得到该尺段的实际水平距离 d 为：

$$d = \sqrt{d'^2 - h^2}$$

4）总距离计算。总距离等于各尺段实际水平距离之和，即：

$$D = d_1 + d_2 + \cdots + d_n = \sum d_i \qquad (3-46)$$

用式（3-47）计算往、返丈量的相对误差，对量距精度进行评定。如果相对误差在限差范围之内，则取往、返丈量实际水平距离的平均值作为最后结果。如超限，必须重测。

$$K = \frac{|\Delta D|}{D_{平均}} = \frac{1}{\dfrac{D_{平均}}{|\Delta D|}} \qquad (3-47)$$

4. 距离丈量成果整理

对某一段距离丈量的结果，须按规范要求进行尺长改正、温度改正及倾斜改正，才能得到实际的水平距离。丈量距离，通常总是分段较多，每段长不一定是整尺段，且每段的地面倾斜也不相同，所以一般要分段改正。三项改正的公式如下。

（1）尺长改正。

$$\Delta D_1 = L \frac{\Delta l}{l} \qquad (3-48)$$

式中：l——钢尺名义长度；

  L——测量长度；

  Δl——钢尺检定温度时整尺长的改正数，即尺长方程式中的尺长改正数；

  ΔD_1——该段距离的尺长改正。

（2）温度改正。

$$\Delta D_t = L \alpha \ (t - t_0) \qquad (3-49)$$

式中：t_0——钢尺检定温度；

  t——钢尺丈量时温度；

  L——测量长度；

  α——钢尺膨胀系数；

  ΔD_t——该段距离的温度改正。

（3）倾斜改正。

$$\Delta D_h = D - L = -\frac{h^2}{2L} \qquad (3-50)$$

式中：L——测量长度；

  h——A、B 两点间的高差。

经以上三项改正后就可求得水平距离：

$$D = L + \Delta D_1 + \Delta D_t + \Delta D_h \qquad (3-51)$$

将改正后的各段水平距离相加，即得丈量距离的全长。若往返测距离的相对误差在限差内，则取往返测距离平均值作为最后成果。

5. 钢尺量距的误差分析

影响钢尺量距精度的误差有很多，其中主要有以下几个方面：

（1）定线误差。由于直线定线不准，使得钢尺所量各尺段偏离直线方向而形成折线，由此产生的量距误差，称为定线误差。如图 3 - 82 所示，AB 为直线的正确位置，$A'B'$ 为钢尺位置，致使量距结果偏大。设定线误差为 ε，由此引起的一个尺段 l 的量距误差 $\Delta \varepsilon$ 为：

$$\Delta \varepsilon = \sqrt{l^2 - (2\varepsilon)^2} - l = -\frac{2\varepsilon^2}{l} \qquad (3-52)$$

图 3 - 82　定线误差

当 l 为 30m 时，若要求 $\Delta \varepsilon \le \pm 3\text{mm}$，则应使定线误差 ε 小于 0.21m，这样采用目估定线是容易达到的。精密量距时必须用经纬仪定线，可使 ε 值和 $\Delta \varepsilon$ 值更小。

（2）尺长误差。钢尺名义长度与实际长度往往不一致，使得丈量结果中必然包含尺长误差。尺长误差具有系统累积性，其与所量距离成正比。因此钢尺必须经过检定以求得尺长误差改正数。精密量距时，钢尺虽经过检定并在丈量结果中加入了尺长改正，但一般钢尺尺长检定方法只能达到 ±0.5mm 左右的精度，因此，尺长误差仍然存在。一般量距时，可不进行尺长改正；当尺长改正数大于尺长 1/10000 时，则应进行尺长改正。

（3）温度误差。根据钢尺的温度改正数公式 $\Delta l_t = \alpha l \ (t - t_0)$，可以计算出，30m 的钢尺，温度变化 8℃，由此产生的量距误差为 1/10000。在一般量距中，当丈量温度与标准温度之差小于 ±8℃ 时，可不考虑钢尺的温度误差。

使用温度计量测的是空气中温度，而不是尺身温度，尤其是夏天阳光暴晒下，尺身温度和空气中温度相差超过 5℃。为减小这一误差的影响，量距工作宜选择在阴天进行，并设法测定钢尺尺身的温度。

（4）倾斜误差。钢尺一般量距中，由于钢尺不水平所产生的量距误差称为倾斜误差。这一误差会导致量距结果偏大。设用 30m 钢尺，当目估钢尺水平的误差为 40cm 时，根据式（3-52）可计算出，由此产生的量距误差为 3mm。

对于一般量距可不考虑此影响。精密量距时，根据两点之间的高差，计算水平距离。

（5）拉力误差。钢尺长度随拉力的增大而变长，当量距时施加的拉力与检定时的拉力不相等时，钢尺的长度就会变化，而产生拉力误差。拉力变化所产生的长度误差 Δp 为：

$$\Delta p = \frac{l \cdot \Delta p}{E \cdot A} \tag{3-53}$$

式中：l——钢尺长；

Δp——拉力误差；

E——钢的弹性模量，通常取 $2 \times 10^6 \text{kg/cm}^2$；

A——钢尺的截面积。

设 30m 的钢尺，截面积为 0.04cm^2，则可以算出，拉力误差 Δp 为 $0.038\Delta p \text{mm}$。欲使 Δp 不大于 ±1mm，拉力误差则不得超过 2.6kg。在一般量距中，当拉力误差不超过 2.6kg 时，可忽略其影响。精密量距时，使用弹簧秤控制标准拉力，Δp 很小，Δp 则可忽略不计。

（6）钢尺垂曲和反曲误差。钢尺悬空丈量时，中间受重力影响而下垂，称为垂曲；钢尺沿地面丈量时，由于地面凸起使钢尺上凸，称为反曲。钢尺的垂曲和反曲都会产生量距误差，使丈量结果偏大。因此量距时应将钢尺拉平丈量。

（7）丈量误差。钢尺丈量误差包括对点误差、插测钎的误差、读数误差等。这些误差有正有负，在量距成果中可相互抵消一部分，但无法完全消除，仍是量距工作的主要误差来源，丈量时应认真对待，仔细操作，尽量减小丈量本身的误差。

3.5.2 视距测量

1. 视距测量原理及公式

在经纬仪、水准仪等仪器的望远镜十字丝分划板上，有两条平行于横丝同时与横丝等距的短丝，称为视距丝，又称上下丝，利用视距丝、视距尺和竖盘可以进行视距测量，如图 3-83 所示。

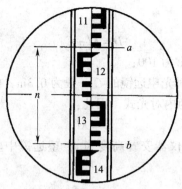

图 3 – 83　视距丝

（1）视线水平。如图 3 – 84 所示，预测地面 A、B 两点之间的水平距离和高差，可安置经纬仪于 A 点，并在 B 点上竖立视距尺；调整仪器使望远镜视线水平，且瞄准 B 点所立的视距尺，此时水平视线与视距尺垂直。

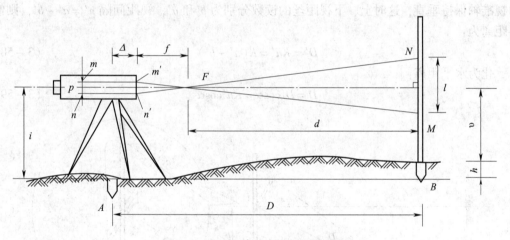

图 3 – 84　视线水平时视距原理

根据成像原理，从视距丝 m、n 发出的平行于望远镜视准轴的光线，经过 m'、n' 和物镜焦点 F 后，分别截于视距尺上的 M、N 处，M 和 N 间的长度称为尺间隔，用 l 表示。设 P 为两视距丝在分划板上的间距，f 为物镜焦距，Δ 为物镜至仪器旋转中心的距离，那么，A、B 两点之间的水平距离为：

$$D = d + \Delta + f \tag{3-54}$$

由图 3 – 84 可知，$\Delta m'Fn' \sim \Delta MFN$，则：

$$\frac{d}{f} = \frac{MN}{m'n'} = \frac{l}{p}$$

$$d = \frac{f}{p}l$$

故 A、B 之间的水平距离为：

$$D = \frac{f}{p}l + \Delta + f$$

令 $K = \dfrac{f}{p}$，$C = \Delta + f$，则：

$$D = Kl + C \qquad (3-55)$$

式中：K——视距乘常数，通常为100；

C——视距加常数，外对光望远镜的 C 一般为 0.3m，内对光望远镜 $C \approx 0$。

DJ_6 光学经纬仪的望远镜为内对光式，因此：

$$D = Kl \qquad (3-56)$$

由图 3-84 还可看出，当仪器安置高度为 i，望远镜中丝在视距尺上的读数为 v 时，A、B 两点之间的高差为：

$$h = i - v \qquad (3-57)$$

（2）视线倾斜。当地面上 A、B 两点的高差较大时，要使视线倾斜一个竖直角 α，才能在标尺上进行视距读数，此时视线不垂直于视距尺，不能采用上述公式计算水平距离和高差。

如图 3-85 所示，假设将标尺以中丝读数 l 这一点为中心，转动一个 α 角，使标尺仍与视准轴保持垂直，这时上、下视距丝的读数分别为 b' 和 a'，视距间隔 $n' = a' - b'$，则倾斜距离为：

$$D' = Kn' = K(a' - b') \qquad (3-58)$$

化为水平距离：

$$D = D' \cos\alpha = Kn' \cos\alpha \qquad (3-59)$$

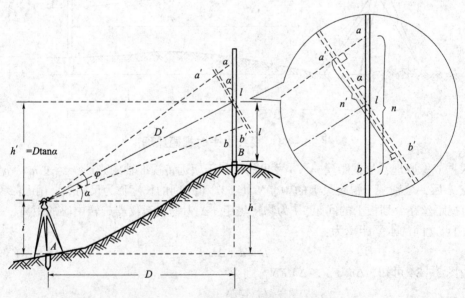

图 3-85 视线倾斜时的视距测量

由于通过视距丝两条光线的夹角 φ 很小，因此 $\angle aa'l$ 和 $\angle bb'l$ 可近似看作直角，则有：

$$n' = n\cos\alpha \qquad (3-60)$$

将式（3-59）代入式（3-58），可得视准轴倾斜时水平距离的计算公式，如下：

$$D = Kn\cos^2\alpha \qquad (3-61)$$

同理，由图 3－85 可知，A、B 两点之间的高差为：

$$h = h' + i - l = D\tan\alpha + i - l = \frac{1}{2}Kn\sin2\alpha + i - l \qquad (3-62)$$

式中：α——垂直角；

　　　i——仪器高；

　　　l——中丝读数。

2. 视距测量的观测与计算

（1）如图 3－85 所示，将经纬仪安置于 A 点，量取仪器高 i，并且在 B 点竖立视距尺。

（2）用盘左或盘右，转动照准部瞄准 B 点的视距尺，分别读取上、中、下三丝在标尺上的读数 b、l、a，计算出视距间隔 $n = a - b$。在实际视距测量操作过程中，为了便于计算，在读取视距时，可以使下丝或上丝对准尺上一个整分米处，直接在尺上读出尺间隔 n，或者在瞄准读中丝时，使中丝读数 l 等于仪器高 i。

（3）转动竖盘指标水准管微动螺旋，使竖盘指标水准管气泡居中，读取竖盘读数，并且计算出竖直角 α。

（4）将上述观测得出的数据分别记入视距测量手簿表中相应的栏内。然后根据视距尺间隔 n、竖直角 α、仪器高 i 和中丝读数 l，根据公式（3－60）和式（3－61）计算出水平距离 D 和高差 h。最后根据 A 点高程 H_A 计算出待测点 B 的高程 H_B。

3. 视距测量注意事项

（1）观测时尤其应注意消除视差，估读毫米应准确。

（2）读竖角时，对老式经纬仪应注意使竖盘水准管气泡居中，对新式经纬仪应注意把竖盘指标归零开关打开。

（3）立尺时尽量使尺身竖直，尺子不竖直对测距精度影响极大。尺子要立稳，观测上丝时用竖盘微动螺旋对准整分划（不必再估数），并立即迅速读取下丝读数，尽量缩短读上下丝的时间。

（4）为了减少大气折光及气流波动的影响，视线要离地面 0.5m 以上，尤其是在烈日下或夏天作业时更应注意。

4. 视距测量的误差分析

视距测量误差的主要原因包括：视距丝在标尺上的读数误差、标尺不竖直的误差、竖角观测误差以及大气折光的影响。

（1）读数误差。由上、下丝读数之差求得尺间隔，计算距离时用尺间隔乘 100，所以读数误差将扩大 100 倍影响所测的距离。即读数误差为 1mm，影响距离误差为 0.1m。所以在标尺读数时，必须消除视差，读数要十分仔细。另外，立尺者不能使标尺完全稳定，因此要求上、下丝最好能同时读取，为此建议观测上丝时，用竖盘微动螺旋对准整分划，立即读取下丝读数。测量边长不能过长或过远，望远镜内看尺子分划变小，读数误差就会增大。

（2）标尺倾斜的误差。当坡地测量时，标尺向前倾斜时所读尺间隔，比标尺竖直时小，反之，当标尺向后倾斜时所读尺间隔，比标尺竖直时大。但是在平地时，标尺前倾或后倾都使尺间隔读数增大。设标尺竖直时所读尺间隔为 l，标尺倾斜时所读尺间隔为 l'，倾斜标尺与竖直标尺夹角为 Δ，推导 l' 与 l 之差 Δl 的公式如下：

$$\Delta l = \pm \frac{l' \cdot \Delta}{\rho''} \tan\alpha \qquad (3-63)$$

从表 3-9 可以看出：随标尺倾斜 Δ 的增大，尺间隔的误差 Δl 也随着增大；在标尺同一倾斜的情况下，测量竖角增加，尺间隔的误差 Δl 也迅速增加。所以，在山区进行视距测量时，误差会很大。

表 3-9　标尺倾斜在不同竖角下产生尺间隔的误差 Δl

α 〃 l' ＼ Δ	1m				
	1°	2°	3°	4°	5°
5°	2mm	3mm	5mm	6mm	7mm
10°	3mm	6mm	9mm	12mm	15mm
20°	6mm	13mm	19mm	25mm	32mm

（3）竖角测量的误差。

1）竖角测量的误差对水平距的影响。

已知

$$D = Kl\cos^2\alpha$$

对上式两边取微分

$$\mathrm{d}D = 2Kl\cos\alpha\sin\alpha\frac{\mathrm{d}\alpha}{\rho''}$$

$$\frac{\mathrm{d}D}{D} = 2\tan\alpha\frac{\mathrm{d}\alpha}{\rho''}$$

设 $\mathrm{d}\alpha = \pm 1'$，当山区作业最大 $\alpha = 45°$，则：

$$\frac{\mathrm{d}D}{D} = 2 \times 1 \times \frac{60''}{206265''} = \frac{1}{1719} \qquad (3-64)$$

2）竖角测量的误差对高差的影响。

已知

$$h = D\tan\alpha = \frac{1}{2}Kl\sin 2\alpha$$

对上式两边取微分

$$\mathrm{d}h = Kl\cos 2\alpha\frac{\mathrm{d}\alpha}{\rho''}$$

当 $\mathrm{d}\alpha = \pm 1'$，并以 $\mathrm{d}h$ 最大来考虑，即 $\alpha = 0°$，代入上式得

$$\mathrm{d}h = 100 \times 1 \times \frac{60''}{206265''} = 0.03\mathrm{m} \qquad (3-65)$$

从式（3-63）与式（3-64）看出：竖角测量的误差对距离影响不大，对高差影响较大，每百米高差误差 3cm。

根据分析和实验数据证明，视距测量的精度通常约 1/300。

（4）大气折光的影响　由于大气折射作用，读数时视线由直线变为曲线，从而使测距产生误差，而且视线越靠近地面，折光的影响越明显。因此，视距测量时应尽可能使视线距离地面 1m 以上。

3.5.3 光电测距

1. 光电测距原理

光电测距仪根据测定时间 t 的方式，可以分为直接测定时间的脉冲测距法和间接测定时间的相位测距法。高精度的测距仪，通常采用相位式。

相位式光电测距仪的测距原理是：由光源发出的光通过调制器后，成为光强随高频信号变化的调制光。通过测量调制光在待测距离上往返传播的相位差 Φ 来解算距离。

相位法测距相当于用"光尺"代替钢尺量距，而 $\lambda/2$ 为光尺长度。

相位式测距仪中，相位计只能测出相位差的尾数 ΔN，测不出整周期数 N，因此对大于光尺的距离无法测定。为了扩大测程，应选择较长的光尺。为了解决扩大测程与保证精度的矛盾，短程测距仪上一般采用两个调制频率，即两种光尺。

2. 光电测距仪的结构性能

（1）光电测距仪结构。主机通过连接器安置在经纬仪上部，经纬仪可以是普通光学经纬仪，也可以是电子经纬仪。利用光轴调节螺旋，可使主机的发射接受器光轴与经纬仪视准轴位于同一竖直面内。另外，测距仪横轴到经纬仪横轴的高度与觇牌中心到反射棱镜高度一致，从而使经纬仪瞄准觇牌中心的视线与测距仪瞄准反射棱镜中心的视线保持平行。配合主机测距的反射棱镜，根据距离远近，可选用单棱镜（1500m 内）或三棱镜（2500m 内）。棱镜安置在三脚架上，根据光学对中器和长水准管进行对中整平，如图 3-86 所示。

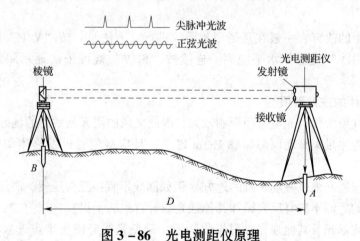

图 3-86 光电测距仪原理

（2）仪器主要技术指标及功能。短程红外光电测距仪的最大测程为 2500m，测距精度可达 $\pm(3mm-2\times10-6\times D)$（其中 D 为所测距离），最小读数为 1mm。仪器设有自动光强调节装置，在复杂环境下测量时也可人工调节光强；可输入温度、气压和棱镜常数自动对结果进行改正；可输入垂直角自动计算出水平距离和高差；可通过距离预置进行定线放样；若输入测站坐标和高程，可自动计算观测点的坐标和高程。测距方式有正常测量和跟踪测量，其中正常测量所需时间为 3s，还能显示数次测量的平均值；跟踪测量所需时间为 0.8s，每隔一定时间间隔自动重复测距。

3. 光电测距仪的操作与使用

（1）安置仪器。先在测站上安置好经纬仪，对中、整平后，将测距仪主机安装在经纬仪支架上，用连接器固定螺栓锁紧，将电池插入主机底部、扣紧。在目标点安置反射棱镜，对中、整平，并使镜面朝向主机。

（2）观测垂直角、气温和气压。用经纬仪十字横丝照准觇板中心，测出垂直角 α。同时，观测和记录温度和气压计上的读数。观测垂直角、气温和气压，目的是对测距仪测量出的斜距进行倾斜改正、温度改正和气压改正，以得到正确的水平距离。

（3）测距准备。按电源开关键"PWR"开机，主机自检并显示原设定的温度、气压和棱镜常数值，自检通过后将显示"good"。

若修正原设定值，可按"TPC"键后输入温度、气压值或棱镜常数（一般通过"ENT"键和数字键逐个输入）。一般情况下，只要使用同一类的反光镜，棱镜常数不变，而温度、气压每次观测均可能不同，需要重新设定。

（4）距离测量。调节主机照准轴水平调整手轮（或经纬仪水平微动螺旋）和主机俯仰微动螺旋，使测距仪望远镜精确瞄准棱镜中心。在显示"good"状态下，精确瞄准也可根据蜂鸣器声音来判断，信号越强声音越大，上下左右微动测距仪，使蜂鸣器的声音最大，便完成了精确瞄准，出现"＊"。

精确瞄准后，按"MSR"键，主机将测定并显示经温度、气压和棱镜常数改正后的斜距。在测量中，若光速受挡或大气抖动等，测量将暂被中断，此时"＊"消失，待光强正常后继续自动测量；若光束中断30s，待光强恢复后，再按"MSR"键重测。

斜距到平距的改算，一般在现场用测距仪进行，方法是：按"V/H"键后输入垂直角值，再按"SHV"键显示水平距离。连续按"SHV"键可依次显示斜距、平距和高差。

4. 光电测距的注意事项

（1）由于气象条件对光电测距影响较大，因此微风的阴天是观测的良好时机。

（2）测线应尽量离开地面障碍物 1.3m 以上，且应避免通过发热体和较宽水面的上空。

（3）测线应避开强电磁场干扰的地方（例如测线不宜接近变压器、高压线等）。

（4）镜站的后面不应有反光镜和其他强光源等背景的干扰。

（5）要严防阳光及其他强光直射接收物镜，避免光线经镜头聚焦进入机内，将部分元件烧坏。阳光下作业应撑伞保护仪器。

5. 光电测距仪的误差

（1）固定误差。固定误差与被测距离无关，主要包括仪器对中误差、仪器加常数测定误差及测相误差。

（2）比例误差。比例误差与被测距离成正比，其主要包括：

1）大气折射率的误差，在测线一端或两端测定的气象因素不能完全代表整个测线上平均气象因素。

2）调制光频率测定误差，调制光频率决定测尺的长度。

（3）周期误差。由于送到仪器内部数字检相器不仅有测距信号，还有仪器内部的窜扰信号，而测距信号的相位随距离值在0°~360°内变化。因而合成信号的相位误差大小也以测尺为周期而变化，故称周期误差。

3.6　方向测量

3.6.1　标准方向

我国通用的标准方向包括真子午线方向、磁子午线方向和坐标纵轴方向，简称为真北方向、磁北方向和轴北方向，即三北方向，如图3-87所示。

1. 真子午线方向

通过地球上某点及地球的北极和南极的半个大圆称为该点的真子午线。真子午线方向指出地面上某点的真北和真南方向。真子午线方向要用天文观测方法、陀螺经纬仪和GPS来测定。

由于地球上各点的真子午线都向两级收敛而最终会集于两极，所以，虽然各点的真子午线方向都是指向真北和真南，但是在经度不同的点上，真子午线方向却互不平行。

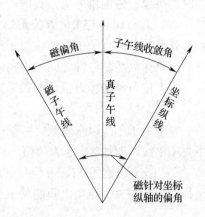

图3-87　标准方向

2. 磁子午线方向

过地球上某点及地球南北磁极的半个大圆称为该点的磁子午线。因此自由旋转的磁针静止下来所指的方向，即为磁子午线方向。磁子午线方向可用罗盘来确定。

由于地球磁极位置不断地在变动，以及磁针受局部吸引等影响，因此磁子午线方向不宜作为精确方向的基本方向，但由于用磁子午线定向方法简便，在独立的小区域测量工作中仍可采用。

3. 坐标纵轴方向

在高斯平面直角坐标系中，其每一投影带中央子午线的投影为坐标纵轴方向，即轴北方向。若采用假定坐标系则坐标纵轴方向为标准方向。坐标纵轴方向是测量工作中常用的标准方向。

3.6.2　表示直线方向的方法

1. 方位角表示直线方向

直线的方位角是从标准方向的北端顺时针旋转至某直线所夹的水平角，通常以 a 表示，角度范围为0°~360°。方位角可分为真方位角、磁方位角和坐标方位角。从真子午线的北端顺时针旋转到某直线所成的水平角称为该直线的真方位角，以 $A_{真}$ 表示；从磁子午线的北端顺时针旋转到某直线所成的水平角称为该直线的磁方位角，以 $A_{磁}$ 表示；从坐标纵轴的北端顺时针旋转到某直线所成的水平角称为该直线的坐标方位角，一般以 α 表示。

在工程测量中，通常采用坐标方位角来表示直线的方向。

2. 各个方位角之间的关系

（1）真方位角与磁方位角的关系。由于地磁的两极与地球的两极并不重合，所以同一点的磁北方向与真北方向一般是不一致的，它们之间的夹角称为磁偏角，以 δ 表示。真方位角与磁方位角之间的关系如图3-88所示，其换算关系式为：

$$A_{真} = A_{磁} + \delta \tag{3-66}$$

当磁针北端偏向真北方向以东时称为东偏，磁偏角为正；当磁针北端偏向真北方向以西时称西偏，磁偏角为负。我国的磁偏角的变化范围大约为 $+6° \sim -10°$。

（2）真方位角与坐标方位角的关系。赤道上各点的真子午线方向是相互平行的，地面上其他各点的真子午线都收敛于地球两极，并且是不平行的。地面上各点的真子午线北方向与坐标纵线北方向之间的夹角，称为子午线收敛角，通常以 γ 表示。

真方位角与坐标方位角的关系如图3-89所示，换算关系为：

$$A_{真} = \alpha + \gamma \tag{3-67}$$

在中央子午线以东地区，各点的坐标纵线北方向偏在真子午线的东边，γ 为正值，在中央子午线以西地区，γ 为负值。

（3）坐标方位角与磁方位角的关系。如果已知某点的子午线收敛角 γ 和磁偏角 δ，则坐标方位角与磁方位角之间的关系为

$$\alpha = A_{磁} + \delta - \gamma \tag{3-68}$$

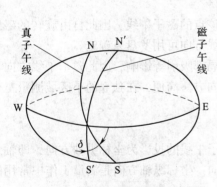

图3-88 真方位角与磁方位角

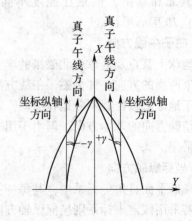

图3-89 真方位角与坐标方位角关系

3. 正、反坐标方位角

测量工作中所用的直线是有方向的，一条直线存在正、反两个方向，如图3-90所示，过 A 点的坐标纵轴北方向与直线 AB 所夹的水平角 α_{AB} 称为直线 AB 的正坐标方位角，过 B 点的坐标纵轴北方向与直线 BA 所夹的水平角 α_{BA} 称为直线 AB 的反坐标方位角。正、反坐标方位互差为180°，可用式（3-69）表示：

$$\alpha_{BA} = \alpha_{AB} \pm 180° \tag{3-69}$$

4. 象限角表示直线方向

直线的方向还可用象限角来表示。由标准方向（北端或南端）度量到直线的锐角，

称为该直线的象限角，以 R 表示，取值范围为 $0° \sim 90°$。为了确定不同象限中相同 R 值的直线方向，将象限角分别以北东（第 I 象限）、南东（第 II 象限）、南西（第 III 象限）和北西（第 IV 象限）表示，如图 3 – 91 所示。

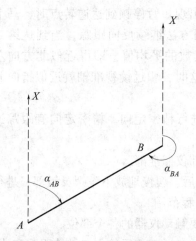

图 3 – 90　正、反坐标方位角

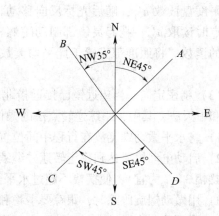

图 3 – 91　象限角

坐标方位角与象限角之间的关系见表 3 – 10。

表 3 – 10　坐标方位角与象限角之间的关系

象　　　限	坐标方位角与象限角之间的关系
第 I 象限	$\alpha = R$
第 II 象限	$\alpha = 180° - R$
第 III 象限	$\alpha = R + 180°$
第 IV 象限	$\alpha = 360° - R$

3.6.3　直线方向的测定

1. 磁方位角的测定

（1）将罗盘仪安置在直线的起点，对中、整平（罗盘盒内一般均设有水准器，指示仪器是否水平）。

（2）旋松螺旋，放下磁针，然后转动仪器，通过瞄准设备来瞄准直线另一端的标杆。

（3）待磁针静止后，读出磁针北端所指示的读数，即为该直线的磁方位角。

2. 真方位角的测定

（1）首先将陀螺经纬仪置于测线起点，对中、整平，在盘左位置装上陀螺仪，使经纬仪和陀螺仪的目镜同侧，接通电源。

（2）粗定向。可采用两逆转点法、1/4 周期法和罗盘法，其中，两逆转点法的操作方法如下：

1）启动电动机，旋转陀螺仪操作手轮，放下灵敏部，松开经纬仪水平制动螺旋。

2）从观测目镜中观察光标线游动的方向和速度，用手扶住照准部进行跟踪，使光标线随时与分划板零刻划线重合。

3）当光标线游动速度减慢时，表明已接近逆转点。在光标线快要停下来时，旋紧水平制动螺旋，用水平微动螺旋继续跟踪，当光标出现短暂停顿到达逆转点时，马上读出水平度盘读数 u'_1；随后光标反向移动，采用相同方法继续反向跟踪，当到达第二个逆转点时读取 u'_2。托起灵敏部制动陀螺，取两次读数的平均值，即得近似北方向左度盘上的读数。将照准部安置于此平均读数的位置，这时，望远镜视准轴就近似指向北方向。

（3）精密定向。当望远镜已接近指北时，便可进行精密定向。精密定向有跟踪逆转点法和中天法，其中，跟踪逆转点法的操作方法如下：

1）将水平微动螺旋放在行程中间位置，制动经纬仪照准部。

2）启动电动机，达到额定转速并继续运转 3min 后，缓慢地放下陀螺灵敏部，进行限幅（摆幅 3 ~ 7 为宜），使摆幅不超过水平微动螺旋行程范围。

3）用微动螺旋跟踪时，跟踪要平稳和连续，不要触动仪器的各个部位。

4）当到达一个逆转点时，读取水平度盘上读数，然后朝相反的方向继续跟踪和读数，如此连续读取 5 个逆转点读数 u_1、u_2、u_3、u_4、u_5。结束观测，托起灵敏部，关闭电源，收测。

5）陀螺在子午面上左右摆动，其轨迹符合正弦规律，但摆幅会略有衰减，如图 3 - 92 所示。两次取 5 个逆转点读数的平均值，即得到陀螺北方向的读数 N_T。

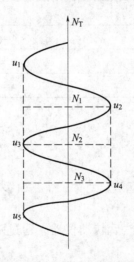

图 3 - 92　跟踪逆转点法

4 地 形 测 量

4.1 地形图的基本知识

4.1.1 地形图的概念

地形包括地物和地貌。地形图测绘就是将地球表面某区域的地物和地貌按正射投影的方法和一定的比例尺，用规定的图标符号测绘到图纸上，这种表示地物和地貌平面位置和高程的图称为地形图。

地形测量的任务是测绘地形图。地形图测量应遵循的基本原则是"从整体到局部，先控制后碎部"，先按照测图的目的及测区的具体情况，建立平面及高程控制网，然后在控制点的基础上进行地物和地貌的碎部测量。

一般情况下应根据地面倾角（α）大小，确定地形类别：

平坦地：$\alpha < 3°$；

丘陵地：$3° \leq \alpha < 10°$；

山地：$10° \leq \alpha < 25°$；

高山地：$\alpha \geq 25°$。

4.1.2 地形图的比例尺

1. 比例尺的种类

（1）数字比例尺。地面上各种地物不可能按真实的大小描绘在图纸上，通常是将实地尺寸缩小为若干分之一来描绘的。图上某直线的长度与地面上相应线段实际的水平距离之比，称为地形图的比例尺。地形图的比例尺一般用分子为"1"的分数形式表示。

设图上某一直线的长度为 d，地面上相应线段的距离为 D，则地形图比例尺为：

$$\frac{d}{D} = \frac{1}{M} \tag{4-1}$$

式中：M——比例尺分母。

实际采用的比例尺一般有 $\frac{1}{500}$、$\frac{1}{1000}$、$\frac{1}{2000}$、$\frac{1}{5000}$、$\frac{1}{10000}$、$\frac{1}{25000}$ 等。比例尺的大小视分数值的大小而定，分数值愈大（即比例尺分母愈小），则比例尺亦愈大，分数值愈小，则比例尺亦愈小。以分数形式表示的比例尺叫数字比例尺。数字比例尺也可写成 1:500、1:1000、1:2000、1:5000、1:10000 及 1:25000 等形式。工程中通常采用 1:500 到 1:10000 的大比例尺地形图。

（2）图示比例尺。如果应用数字比例尺来绘制地形图，每一段距离都要按上述式子化算，那是非常不方便的，通常用直线比例尺来绘制，三棱尺就是这种直线比例尺。为了用图方便，一般地形图上都绘有直线比例尺。还有一个原因就是图纸在干湿情况不同时是有伸缩的，图纸使用日久也要变形，若用木质的三棱尺去量图上的长度，则必然引进一些误差，若在绘图时就绘上直线比例尺，用图时以图上所绘的比例尺为准，则由于图纸伸缩而产生的误差就可基本消除。

如图 4-1 所示为 1:2000 的直线比例尺，其基本单位为 2cm，最左的基本单位分成二十等份，即每小份划为 1mm，所表示相当于实地长度为 $1mm \times 2000 = 2000mm = 2m$，而每个基本分划为 $2cm \times 2000 = 4000cm = 40m$。图中表示的一段距离为 2.5 个基本分划尺，50 个小分划，故其长度相当于实地的 100m。应用时，用两脚规的两脚尖对准图上要量距离的两点，然后把两脚规移至直线比例尺上，使一脚尖对准右边一个适当的大分划线，而使另一脚尖落在左边的小分划上，估读小分划的零数就能直接读出长度，无须再计算了。但这里又产生了一个问题，小分划的零数是估读的，不一定很精确。因此，又有一种复式比例尺，也称斜线比例尺，可以减少估读的误差。

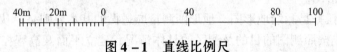

图 4-1　直线比例尺

图 4-2 为 1:1000 的复式比例尺。应用时，用两脚规的两脚在图上截得两点后，将一脚置于右边的某基本单位的分划线上，上下移动两脚规，使另一脚尖恰好落在斜线与横线的某交点上，进行读数。根据复式比例尺的原理，能直接量取到基本单位的 1/100。

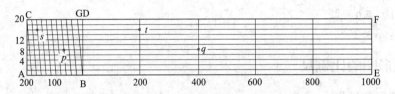

图 4-2　1:1000 的复式比例尺

直线比例尺和斜线比例尺都是绘制成图的图面上的比例尺，为了和数字比例尺区分，可以统称为图示比例尺。

（3）数字化地形图的比例尺。上述介绍比例尺的基本概念和两种常用比例尺，对当今乃至今后的地形图而言，数字化地形图将会逐步取代传统的图纸地形图，使用比例尺进行边长的换算时，只需要明确比例尺的基本概念，而一般不需要进行手工量取和计算了，只需要在计算机内的数字地形图上直接点取出来即可。用地形图进行设计也是在计算机上进行，所以只需要知道地形图的比例就可以了。

2. 比例尺的精度

（1）基本概念。人们用肉眼能分辨的图上最小长度为 0.1mm，因此在图上量度或实地测图描绘时，一般只能达到图上 0.1mm 的精确性。我们把图上 0.1mm 所代表的实际水平长度称为比例尺精度。

比例尺精度的概念，对测绘地形图和使用地形图都有重要的意义。在测绘地形图时，要根据测图比例尺确定合理的测图精度。例如在测绘 1:500 比例尺地形图时，实地量距只需取到 5cm，因为即使量得再细，在图上也无法表示出来。在进行规划设计时，要根据用图的精度确定合适的测图比例尺。例如基本工程建设，要求在图上能反映地面上 10cm 的水平距离精度，则采用的比例尺不应小于 1/1000。

表4-1为不同比例尺的比例尺精度,可见比例尺越大,其比例尺精度就越高,表示的地物和地貌越详细,但是一幅图所能包含的实地面积也越小,而且测绘工作量及测图成本会成倍地增加。因此,采用何种比例尺测图,应从规划、施工实际需要的精度出发,不应盲目追求更大比例尺的地形图。

表4-1 不同比例尺的比例尺精度

比例尺	1:500	1:1000	1:2000	1:5000
比例尺精度(m)	0.05	0.10	0.20	0.50

(2)基本作用。根据比例尺精度,有以下两件事可参考决定:

1)按工作需要,多大的地物须在图上表示出来或测量地物要求精确到什么程度,由此可参考决定测图的比例尺。

2)当测图比例尺已决定之后,可以推算出测量地物时应精确到什么程度。

4.1.3 地形图外注标

地形图图外注标包括图名、图号、测量单位名称、测图日期和成图方法、坐标系统和高程系统及一些辅助图表等。

1. 图名

图名即本图幅的名称,通常以本图幅内主要地面的地名单位为行政全称命名,注记在图廓外上方中央,如图4-3所示,若地形图代表的实地面积小,也可不注图名,仅注图号。

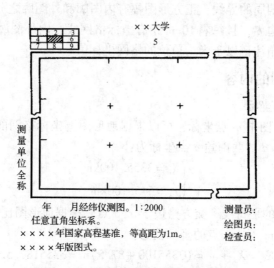

图4-3 图廓上图名的注记方式

2. 图号

图号是指该图幅相应分幅方法的编号,一般注于图幅正方,图名下方。

(1)地形图的分幅。大比例尺地形图通常采用正方形分幅法或矩形分幅法,即是按统一的直角坐标的纵、横坐标格网线分的。而中、小比例尺地形图则按纬度来划分,左、右以经线为界,上、下以纬线为界,其图幅的形状近似梯形,所以称为梯形分幅法。

（2）地形图的编号方法。

1）坐标编号法。坐标编号法采用图幅西南角坐标的千米数作为本幅图样的编号，记成"$x-y$"形式：1:5000 地形图的图号取至整千米数；1:2000 和 1:1000 地形图的图号取至 0.1km；1:500 地形图的图号取至 0.01km。

2）流水编号法。对于测区范围较小或带状测区，可按照具体情况，按照从上到下、从左到右的顺序进行数字流水编号，也可用行列编号法或其他方法。

如图 4-4 所示，对于面积较大的测区，通常绘有几种不同的大比例尺地形图，各种比例尺地形图的分幅与编号通常是以 1:5000 的地形图为基础，按照正方形分幅法进行。

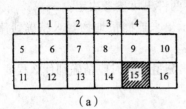
（a）

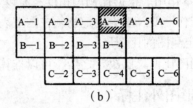
（b）

图 4-4 地形图的流水编号法与行列编号法

3. 接图表

接图表表明该幅图与相邻图样的位置关系，以便查索相邻图样。并将接图表绘制在图幅的左上方，如图 4-3 所示。

4. 图廓和注记

图廓是指一幅图四周的界线，正方形图幅有内图廓和外图廓之分，外图廓用粗实线绘制，内图廓是图幅的边界，且每隔 10cm 绘有坐标格网线，内外图廓相距 12mm，应在内、外图廓线之间的四个角注记以千米为单位的格网坐标值。

4.1.4 地形图应用的内容

1. 求图上某点的坐标

如图 4-5 所示，图中 m 点坐标，可以根据地形图上坐标格网的坐标值来确定。首先找出 m 点所在方格 $abcd$ 的西南角 a 点坐标为：

$$\begin{cases} X_a = 3355.100\text{km} \\ Y_a = 545.100\text{km} \end{cases}$$

过 m 点作方格边的平行线，交方格边于 e、f 点。根据地形图比例尺（1:1000）量得：$ae = 87.5\text{m}$，$af = 31.4\text{m}$，则 m 点的坐标值为：

$$X_m = X_a + ae = (3355100 + 87.5)\text{m} = 3355187.5\text{m}$$

$$Y_m = Y_a + af = (545100 + 31.4)\text{m} = 545131.4\text{m}$$

为了提高坐标量测的精度，必须考虑图样伸缩的影响，可按式（4-2）计算 m 点的坐标值：

$$X_m = X_a + \frac{l}{ab} \cdot ae \cdot M$$

$$Y_m = Y_a + \frac{l}{ad} \cdot af \cdot M \tag{4-2}$$

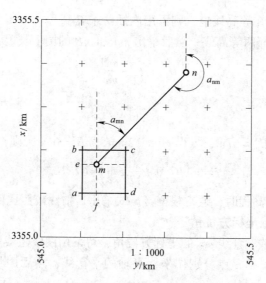

图 4 – 5 两点间距离

式中：ab、ae、ad、af——均为图上长度；

l——坐标方格边长（10cm）；

M——地形图比例尺分母。

2. 求图上两点间的距离

如图 4 – 5 所示，欲求图中 m、n 两点间的实地水平距离，可采用图解法或解析法。

（1）图解法。在图上直接量出 m、n 两点间的长度，然后乘上比例尺分母，就可得到 mn 的实地水平距离。

（2）解析法。首先根据前面所述方法求出 m、n 两点的坐标 X_m、Y_m 和 X_n、Y_n，然后按式（4 – 3）计算其水平距离：

$$D_{mn} = \sqrt{(X_n - X_m)^2 + (Y_n - Y_m)^2} \qquad (4 – 3)$$

3. 求图上某点的高程

若所求点的位置恰好在某一等高线上，那么此点的高程就等于该等高线的高程。如图 4 – 6 所示，A 点高程为 69m。

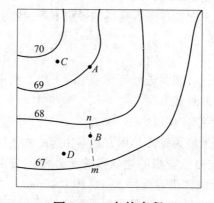

图 4 – 6 点的高程

若所求点的位置不在等高线上，则可用内插法求其高程。如图 4-6 所示，过 B 点作线段 mn 大致垂直于相邻两等高线，然后量出 mn 和 mB 的图上长度，则 B 点高程为：

$$H_B = H_m + \frac{mB}{mn}h \tag{4-4}$$

式中：h——等高距；

H_m——m 点高程。

上式中，$h = 1\mathrm{m}$，$H_m = 67\mathrm{m}$，量得 $mn = 12\mathrm{mm}$，$mB = 8\mathrm{mm}$，则得：

$$H_B = \left(67.0 + \frac{8}{12} \times 1\right) \approx 67.7\mathrm{m}$$

实际求图上某点的高程时，通常根据等高线采用目估法按照比例推算出该点的高程。

4. 求图上某直线的坐标方位角

如图 4-5 所示，欲求直线 mn 的坐标方位角，可采用图解法或解析法。

（1）图解法。过 m 和 n 点分别作坐标纵轴的平行线，然后用量角器量出 α_{mn} 和 α_{nm}，取其平均值为最后结果。

$$\alpha'_{mn} = \frac{1}{2}(\alpha_{mn} + \alpha_{nm} \pm 180°)$$

（2）解析法。先求出 m、n 点的坐标，再按式（4-5）计算 mn 的方位角：

$$\alpha_{mn} = \arctan \frac{\Delta Y_{mn}}{\Delta X_{mn}} = \arctan \frac{Y_n - Y_m}{X_n - X_m} \tag{4-5}$$

5. 求图上某直线的坡度

在地形图上求得直线的长度以及两端点的高程后，则可按下式计算该直线的平均坡度：

$$i = \frac{h}{d \cdot M} = \frac{h}{D} \tag{4-6}$$

式中：d——图上量得的长度；

M——地形图的比例尺分母；

h——直线两端点间的高差；

D——该直线的实地水平距离。

坡度通常用千分率（‰）或百分率（%）的形式表示。"+"为上坡，"-"为下坡。

若直线两端点位于相邻等高线上，此时求得的坡度，可认为符合实际坡度。假如直线较长，中间通过多条等高线，而且各条等高线的平距不等，则所求的坡度，只是该直线两端点间的平均坡度。

6. 场地平整

在大、中型工程建设中，往往要进行建筑场地的平整。利用地形图，可以估算土石方工程量，从而确定场地平整的最佳方案。

如图 4-7 所示，设地形图比例尺为 1:1000。

欲将方格范围内的地面平整为挖方与填方基本相等的水平场地，可按如下步骤进行：

（1）在地形图上画出方格，方格的边长取决于地形的复杂程度和土方估算的精度，一般为 10m 或 20m。本例所取方格边长为 20m（图上 20mm）。

（2）用内插法或目估求出各方格点的高程，并注记于右上角。

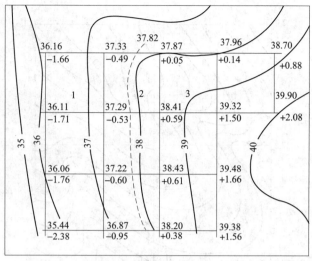

1 : 1000

图 4 - 7　挖填方计算

（3）计算场地填、挖方平衡的设计高程。先求出各方格 4 个顶点高程的平均值，然后将其相加除以方格数，就得填、挖方基本平衡的设计高程。经计算本例设计高程为 37.82m。

（4）用内插法在地形图上描出高程为 37.82m 的等高线（图中用虚线表示）。此线就是填方和挖方的分界线。

（5）按式（4 - 7）计算各方格点的填（挖）高度。

$$填（挖）高度 = 地面高程 - 设计高程 \tag{4-7}$$

正号表示挖方，负号表示填方。填挖高度填写在各方格点的右下角。

（6）计算填、挖方量。从图 4 - 7 看出，有的方格全为挖方或全为填方，有的方格既有填方又有挖方，因此要分别进行计算。

4.1.5　地形图的应用

1. 地形图在工程中的应用

（1）按限制的坡度选定最短线路。在山地、丘陵地区进行道路、管线、渠道等工程设计时，都要求线路在不超过某一限制坡度的条件下，选择一条最短路线或等坡度线。

如图 4 - 8 所示，欲从低处的 A 点到高地 B 点要选择一条公路线，要求其坡度不大于限制坡度 i。

设等高距为 h，等高线间的平距的图上值为 d，地形图的测图比例尺分母为 M，根据坡度的定义有：$i = h/dM$，由此求得：$d = h/iM$。

在图中，设计用的地形图比例尺为 1 : 1000，等高距为 1m。为了满足限制坡度不大于 $i = 3.3\%$ 的要求，根据公式可计算出该线路经过相邻等高线之间的最小水平距离 $d = 0.03m$，于是，在地形图上以 A 点为圆心，以 3cm 为半径，用两脚规画弧交 54m 等高线于点 a，a'，再分别以点 a，a' 为圆心，以 3cm 为半径画弧，交 55m 等高钱于点 b，b'，依此类推，直到 B 点为止。然后连接 A，a，b，…，B 和 A，a'，b'，…，B，便在图上得到符合限制坡度 $i = 3.3\%$ 的两条路线。

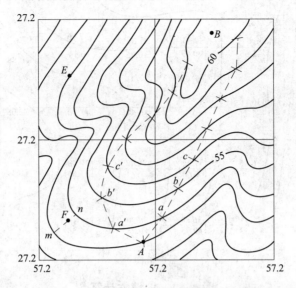

图 4 – 8　按限制的坡度选定最短线路

同时应考虑其他因素，如少占农田，建筑费用最少，避开塌方或崩裂地带等，从中选取一条作为设计线路的最佳方案。

如遇等高线之间的平距大于 3cm，以 3cm 为半径的圆弧将不会与等高线相交。这说明坡度小于限制坡度。在这种情况下，路线方向可按最短距离绘出。

（2）按一定方向绘制纵断面图。在各种线路工程设计中，为了进行填挖方量的概算，以及合理地确定线路的纵坡，都需要了解沿线路方向的地面起伏情况，为此，常需利用地形图绘制沿指定方向的纵断面图。

如图 4 – 9 所示，在地形图上作 A、B 两点的连线，与各等高线相交，各交点的高程即为交点所在等高线的高程，而各交点的平距可在图上用比例尺量得。在毫米方格纸上画出两条相互垂直的轴线，以横轴 AB 表示平距，以垂直于横轴的纵轴表示高程，在地形图上量取 A 点至各交点及地形特征点的平距，并把它们分别转绘在横轴上，以相应的高程作为纵坐标，得到各交点在断面上的位置。连接这些点，即得到 AB 方向的断面图。为了更明显地表示地面的高低起伏情况，断面图上的高程比例尺一般比平距比例尺大 5 ~ 20 倍。

对地形图中某些特殊点的商程量算，如断面过山脊、山顶或山谷处的高程变化点的高程，一般用比例内插法求得。然后，绘制断面图。

（3）确定汇水面积。修筑道路有时要跨越河流或山谷，这时就必须建桥梁或涵洞；兴修水库必须筑坝拦水。而桥梁、涵洞孔径的大小，水坝的设计位置与坝高，水库的蓄水量等，都要根据汇集于这个地区的水流量来确定。汇集水流量的面积称为汇水面积。

由于雨水是沿山脊线（分水线）向两侧山坡分流，所以，汇水面积的边界线是由一系列的山脊线连接而成的。如图 4 – 10 所示，一条公路经过山谷，拟在 P 处架桥或修涵洞，其孔径大小应根据流经该处的流水量决定，而流水量又与山谷的汇水面积有关。由山脊线和公路上的线段所围成的封闭区域 A – B – C – D – E – F – G – H – I 的面积，就是这个山谷的汇水面积。量测该面积的大小，再结合气象水文资料，便可进一步确定流经公路 P 处的水量，从而对桥梁或涵洞的孔径设计提供依据。

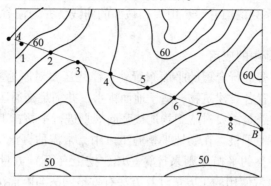

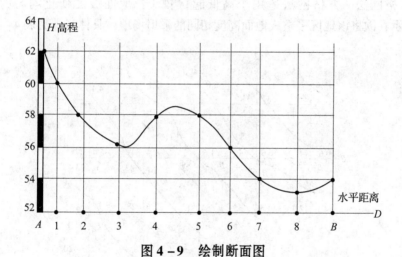

图 4-9　绘制断面图

图 4-10　确定汇水面积

确定汇水面积的边界线时，应注意的事项如下：

1）边界线（除公路段 *AB* 段外）应与山脊线一致，且与等高线垂直。

2）边界线是经过一系列的山脊线、山头和鞍部的曲线，并与河谷的指定断面（公路或水坝的中心线）闭合。

2. 地形图在平整土地中的应用

在建筑工程中，除了要进行合理的平面布置外，往往还要对原地貌进行必要的改造，以便改造后的场地适于布置各类建筑物，适于地面排水，并满足交通运输和敷设地下管线的需要等。工程建设初期总是需要对施工场地按竖向规划进行平整；工程接近收尾时，配合绿化还需要进行一次场地平整。在场地平整施工之中，常需估算土（石）方的工程量，即利用地形图按照场地平整的平衡原则来计算总填、挖土（石）方量，并制定出合理的土（石）方调配方案。通常使用的土方量计算方法有方格网法与断面法。

（1）方格网法。方格网法适用于高低起伏较小，地面坡度变化均匀的场地。如图 4–11 所示，欲将该地区平整成地面高度相同的平坦场地，具体步骤见表 4–2。

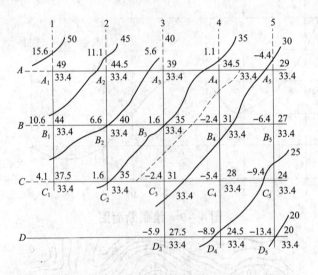

图 4–11 场地平整土石方量计算

表 4–2 采用方格网法计算土方量的步骤

步 骤	内 容
绘制方格网	在地形图上拟建工程的区域范围内，直接绘制出 2cm×2cm 的方格网，图中每个小方格边对应的实地距离为 2cm×*M*（*M* 为比例尺的分母）。本图的比例尺为 1:1000，方格网的边长为 20m×20m，并进行编号，其方格网横线从上到下依次编为 *A*、*B*、*C*、*D* 等行号，其方格网纵线从左至右顺次编号为 1、2、3、4、5 等列号。则各方格点的编号用相应的行、列号表示，如 A_1、A_2 等，并标注在各方格点左下角
计算方格格点的地面高程	依据方格网各格点在等高线的位置，利用比例内插的方法计算出各点的实地高程，并标注在各方格点的右上角

续表 4 − 2

步　骤	内　容
计算设计高程	根据各个方格点的地面高程，分别求出每个方格的平均高程 H_i（i 为 1，2，3，…，表示方格的个数），将各个方格的平均高程求和并除以方格总数 n，即得设计高程 $H_设$。 　　本例中，先将每一小方格顶点高程加起来除以 4，得到每一小方格的平均高程，再把各小方格的平均高程加起来除以小方格总数即得设计高程。经计算，其场地平整时的设计高程约为 33.4m，并将计算出的设计高程标在各方格点的右下角
计算各方格点的填、挖厚度（即填挖数）	根据场地的设计高程及各方格点的实地高程，计算出各方格点处的填高或挖深的尺寸，即各点的填挖数： 　　　　　　填挖数 = 地面点的实地高程 − 场地的设计高程 　　上式中，填挖数为"＋"时，表示该点为挖方点；填挖数为"－"时，表示该点为填方点。 　　并将计算出的各点填挖数填写在各方格点的左上角
计算方格零点位置并绘制零位线	计算出备方格点的填挖数后，即可求每条方格边上的零点（既不需填也不需挖的点）。这种点只存在于由挖方点和填方点构成的方格边上。求出场地中的零点后，将相邻的零点顺次连接起来，即得零位线（即场地上的填挖边界线）。零点和零位线是计算填挖方量和施工的重要依据。 　　在方格边上计算零点位置，可按图解几何法，依据等高线内插原理来求取。如下图所示，A_4 为挖方点，B_4 为填方点，在 A_4、B_4 方格边上必存在零点 O。设零点 O 与 A_4 点的距离为 x，则其与 B_4 点距离为 $20-x$，由此得到关系式： $$\frac{x}{h_1}=\frac{20-x}{h_2}$$ 式中：h_1、h_2——方格点的填挖数，按此式计算零点位置时，不带符号。 　　则有 $x=\dfrac{h_1}{h_1+h_2}\times20=\dfrac{1.1}{1.1+2.4}\times20\text{m}=6.3\text{m}$，即 A_4、B_4 方格边上的零点 O 距离 A_4 为 6.3m。用同样的方法计算出其他各方格边的零点，并顺次相连，即得整个场地的零位线，用虚线绘出 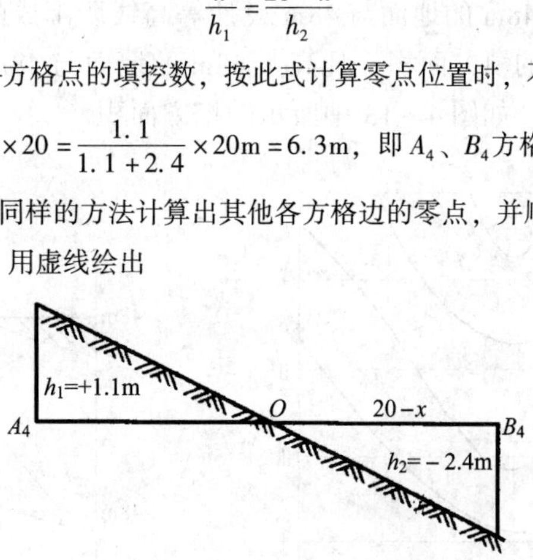 比例内插法确定零点

续表 4 – 2

步　骤	内　容
计算各小方格的填、挖方量	计算填、挖方量有两种情况：一种为整个小方格全为填（或挖）方；另一种为小方格内既有填方，又有挖方，其计算方法如下： 首先计算出各方格内的填方区域面积 $A_填$ 及挖方区域面积 $A_挖$。 整个方格全为填或挖（单位为 m³），则土石方量为： $$V_填 = \frac{1}{4}(h_1 + h_2 + h_3 + h_4) \times A_填 \text{ 或 } V_挖 = \frac{1}{4}(h_1 + h_2 + h_3 + h_4) \times A_挖$$ 方格中既有填方，又有挖方，则土石方量分别为： $$V_填 = \frac{1}{4}(h_1 + h_2 + 0 + 0) \times A_填$$ $$V_挖 = \frac{1}{4}(h_1 + h_2 + 0 + 0) \times A_挖$$ 式中：h_1、h_2——方格中填方点的填挖数； 　　　h_3、h_4——方格中挖方点的填挖数。
计算总填、挖方量	用上面介绍的方法计算出各个小方格的填、挖方量后，分别汇总以计算总的填、挖方量。一般来说，场地的总填方量和总挖方量两者应基本相等，但由于计算中多使用近似公式，故两者之间可略有出入。如相差较大，说明计算中有差错，应查明原因，重新计算

（2）断面法。在地形起伏变化较大的地区，或者如道路、管线等线状建设场地，宜采用断面法来计算填、挖土方量。

如图 4 – 12 所示，*ABCD* 是某建设场地的边界线，拟按设计高程 48m 对建设场地进行平整，现采用断面法计算填方和挖方的土方量。根据建设场地边界线 *ABCD* 内的地形情况，每隔一定间距（图 4 – 12 中图上距离为 2cm）绘一垂直于场地左、右边界线 *AD* 和 *BC* 的断面图。图 4 – 13 所示为 *A – B*、Ⅰ – Ⅰ 的断面图。由于设计高程定为 48m，在每个断面图上，凡低于 48m 的地面与 48m 设计等高线所围成的面积即为该断面的填方面积，如图 4 – 13 中所示的填方面积；凡高于 48m 的地面与 48m 设计等高线所围成的面积即为该断面的挖方面积，如图 4 – 13 中所示的挖方面积。

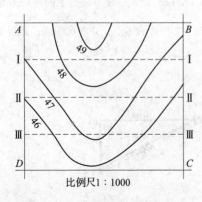

图 4 – 12　断面法计算土方

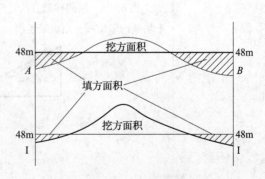

图 4 – 13　断面图

　　分别计算出每一断面的总填、挖土方面积后，然后将相邻两断面的总填（挖）土方面积相加后取平均值，再乘上相邻两断面间距 L，即可计算出相邻两断面间的填、挖土方量。

4.2　地形图的测绘

4.2.1　碎部测量

1. 碎部点的选择

　　碎部点需要选择地物和地貌特征点，即地物和地貌的方向转折点和坡度变化点。碎部点选择是否得当，会直接影响成图的精度和速度。若选择正确，就可以逼真地反映地形现状，确保工程要求的精度；如果选择不当或漏选碎部点，将导致地形图失真走样，影响工程设计或施工用图。

　　（1）地物特征点的选择。

　　1）地物特征点通常是选择地物轮廓线上的交叉点、转折点，河流和道路的拐弯点，独立地物的中心点等。

　　2）连接这些特征点，以便得到与实地相似的地物形状和位置。测绘地物必须根据规定的测图比例尺，按测量规范和地形图图式的要求，经过综合取舍，将各种地物恰当地表示在图上。

　　（2）地貌特征点的选择。最能反映地貌特征的是地性线（亦称地貌结构线），它是地貌形态变化的棱线，如山谷线、山脊线、方向变换线等，因此地貌特征点应选在地性线上，如图 4－14 所示。例如，山顶的最高点，鞍部、山脊、山谷的地形变换点，山坡倾斜变换点，山脚地形变换点处需选定碎部点。

　　（3）碎部点间距和视距的最大长度。选择碎部点间距和视距的最大长度应符合表 4－3 的规定。

图 4－14　地貌特征点及地形线图

表 4－3　碎部点间距和最大长度

测图比例尺	地貌点间距（m）	最大视距（m）	
		地物点	地貌点
1：500	15	40	70
1：1000	30	80	120
1：2000	50	250	200

　　注：1. 以 1：500 比例尺测图时，在城市建筑区和平坦地区，地物点距离应实量，其最大长度为 50m。

　　　　2. 山地、高山地地物点的最大视距可按地貌点来要求。

　　　　3. 采用电磁波测距仪测距时，距离可适当放长。

（4）地形图等高距的选择

1）等高距的选择与地面坡度有关系，当基本等高距为 0.5m 时，高程注记点的高程应标注到厘米。

2）当基本等高距大于 0.5m 时，可以标注到分米。

2. 碎部点的平面位置测绘方法及原理

（1）角度交会法如图 4-15 所示，在实地已知控制点 A、B 上分别安置测角仪器，测得 AC 或 BC 方向与后视方向（A→B 或 B→A）的夹角 β_A、β_B 在图纸上借助于绘图工具由角度交会出 C 的点位。

（2）极坐标法。如图 4-16 所示，设 A、B 为实地已知控制点，欲测碎部点为 C 点在图纸上的位置 c。

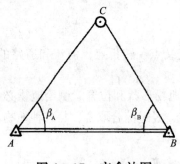

图 4-15 交会法图

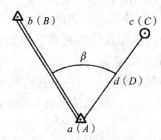

图 4-16 极坐标法图

1）在 A 点安置仪器，测量 AC 方向与 AB 方向的夹角 β 和 AC 的长度 D。

2）将 D 换算为水平距离，再按测图比例尺缩小为图上距离 d，即可得极坐标法定点位的两个参数 β（极角）和 d（极半径）。

3）在图纸上借助绘图工具以 a 为极点，ab 为极轴（后视方向），由 β、d 绘出 C 点在图纸上的位置 c。

（3）距离交会法。

1）如图 4-17 所示，距离交会法是在实地已知控制点 A、B 上分别安置测距仪器。

2）测得 A 至 P 和 B 至 P 的距离（D_1、D_2），并且换算为水平距离。

3）按照测图比例尺缩小为图上距离 d（d_1、d_2）。

4）在图纸上借助于绘图工具用边长交会出 P 的点位。

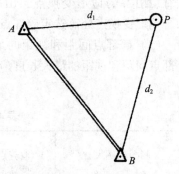

图 4-17 距离交会法图

4.2.2 白纸测绘

1. 准备工作

确保测图的质量，测绘纸应选用质地较好的图纸。对于临时性测图，可将图纸直接固定在图板上进行测绘。对于需要长期保存的地形图，为减少图纸变形，应将图纸裱糊在锌板、铝板或胶合板上。

2. 绘制坐标格网

准确地将图根控制点展绘在图纸上，先要在图纸上精确地绘制 10×10 的直角坐标格网。绘制坐标格网可用坐标仪或坐标格网尺等专用仪器工具。如无上述仪器工具，则可以按对角线法绘制，如图 4-18 所示。

3. 绘控制点

展点前，要按本图的分幅，将格网线的坐标值注在左、下格网边线外侧的相应格网线外，如图 4-19 所示。

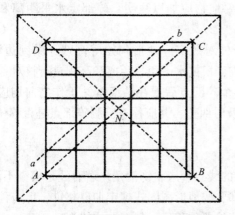

图 4-18　线法绘制坐标格网图

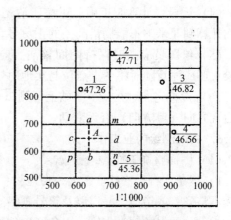

图 4-19　展绘控制点图

4. 白纸测绘外业工作

测量的外业工作包括按照一定的测绘方法采集数据和实地勾绘地形图等内容。碎部测量的常用方法有经纬仪测绘法、大平板仪测图法、小平板仪与经纬仪联合测图法等。

现以经纬仪法为例介绍碎部测绘外业的实操步骤：

（1）如图 4-20 所示，将经纬仪安置于测站点（例如导线 A 上），将测图板（不需置平，仅供作绘图台用）安置于测站旁。

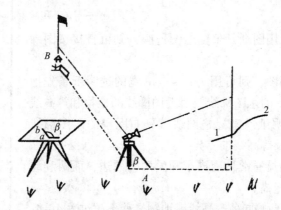

图 4-20　经纬仪碎部外业测绘法图

（2）用经纬仪测定碎部点方向与已知（后视）方位之间的夹角，用视距测量方法测定测站到碎部点的水平距离和高差。

（3）然后根据测定数据按极坐标法，用量角器和比例尺把碎部点的平面位置展绘于图纸上，并在点位的右侧注明高程，最后，对照实地勾绘地形图。

白纸测绘外业工作注意事项如下：

（1）全组人员要互相配合，协调一致。绘图时应做到站站清、板板清、有条不紊。

（2）观测员读数时要注意记录者、绘图者是否听清楚，要随时把地面情况和图面点位联系起来。观测碎部落点的精度要适当，一般竖直角读到 1′，水平角读到 5′即可。

（3）立尺员选点要有计划，分布要均匀恰当，必要时勾绘草图，供绘图参考。

（4）记录、计算应正确、工整、清楚，重要地物应加以注明，碎部点水平距离和高程均计算到厘米。不能搞错高差的正负号。

（5）绘图员应随时保持图面整洁。应在野外对照实际地形勾绘等高线，做到边测、边绘；还应注意随时将图上点位与实地对照检查，根据水平角、距离和高程进行核对。

（6）检查定向。在一个测站上每测 20～30 个碎部点后或在结束本站工作之前均应检查后视方向（零方向）有无变动。若有变动应及时纠正，并应检查已测碎部点是否移位。

5. 白纸测绘内业工作

（1）图面整饰工作。

1）线条、符号修整：图内一切地物、地貌的线条都应整饰清楚。若有线条模糊不清、连接不整齐，或错连、漏连以及符号画错等，都要按地形图图式规定加以整饰，但应注意不能把大片的线条擦光重绘，以免产生地物、地貌严重移位，甚至造成错误。

2）文字标记修整：名称、地物属性及各种数字注记的字体要端正清楚，字头一般朝北，位置及排列要适当，既要能表示其所代表的对象或范围，又不应压盖地物地貌的线条。一般可适当空出注记的位置。

3）图号及其他记载修整：图幅编号常易在外业测图中被摩擦而模糊不清，要先与图廓坐标核对后再注写清楚，防止写错。其他如图名、接图表（相邻图幅的图号）、比例尺、坐标及高程系统、测图方法、图式版本、测图单位、人员和日期等也应记载清楚。

（2）图边拼接。

1）接图时，若所用图纸是聚酯绘图薄膜，则可直接按图廓线将两幅图重叠拼接。

2）如果为白纸测图，则可用 3cm～4cm 宽的透明纸条先把左图幅如图 4－21 所示的东图廓线及靠近图廓线的地物和等高线透描下来，然后将透明纸条坐标格网线蒙到右图幅的西图廓线上，以检验相应地物及等高线的差异。

3）每幅图的绘图员通常只透描东和南两个图边，而西和北两个图边由邻图负责透描。

4）如果接图边上两侧同名等高线或地物之差不超过表 4－4、表 4－5 和表 4－6 中规定的平面、高程中误差的 $2\sqrt{2}$ 倍时，可在透明纸上用红墨水画线取其平均位置，再以此平均位置为根据对相邻两图幅进行改正。

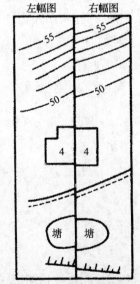

图 4－21　图边拼接图

表 4 – 4　图上地物点点位中误差与间距中误差（mm）

地 区 分 类	点位中误差	邻近地物点间距中误差
城市建筑区和平地、丘陵地	±0.5	±0.4
山地、高山地和设站施测困难的旧街坊内部	±0.75	±0.6

注：森林隐蔽等特殊困难地区，可按上表规定放宽 50%。

表 4 – 5　城市建筑区和平坦地区高程注记点的高程中误差

分 类	高程中误差（m）
铺装地面的高程注记点	±0.07
一般高程注记点	±0.15

表 4 – 6　等高线插求点的高程中误差

地 形 类 别	平地	丘陵地	山地	高山地
高程中误差（等高距）	1/3	1/2	2/3	1

注：森林隐蔽等特殊困难地区，可按上表规定放宽 50%。

（3）地形图检查、验收　地形图检查、验收范围见表 4 – 7。

表 4 – 7　地形图检查、验收范围

类别	范 围 内 容
室内检查	检查坐标格网及图廓线，各级控制点的展绘，外业手簿的记录计算，控制点和碎部点的数量和位置是否符合规定，地形图内容综合取舍是否恰当，图式符号使用是否正确，等高线表示是否合理，图面是否清晰易读，接边是否符合规定等。如果发现疑问和错误，应到实地检查、修改
巡视检查	按拟定的路线做实地巡视，将原图与实地对照。巡视中着重检查地物、地貌有无遗漏，等高线走势与实地地貌是否一致，综合取舍是否恰当等
仪器检查	是在上述两项检查的基础上进行的。在图幅范围内设站，一般采用散点法进行检查。除对已发现的问题进行修改和补测外，还应重点抽查原图的成图质量，将抽查的地物点、地貌点与原图上已有的相应点的平面位置和高程进行比较，算出较差，均记入专门的手簿，最后按小于或等于 $\sqrt{2}m$（m 为中误差，其数值见表 4 – 4 ~ 表 4 – 6）、大于 $\sqrt{2}m$ 且小于 2m、大于 2m 且小于 $2\sqrt{2}m$ 三个区间分别统计其个数，算出各占总数的百分比，作为评定图幅数学精度的主要依据。 其中，大于 $2\sqrt{2}m$ 的较差算作粗差，其个数不得超过总数的 2%，否则认为不合格。若各项符合要求，即可予以验收，交有关单位使用或存档

（4）清绘铅笔原图　经检查合格后，应进一步根据地形图图式规定进行着墨清绘和整饰，使图面更加清晰、合理、美观。顺序是先图内后图外，先注记后符号，先地物后地貌。

4.2.3　数字化地形图测绘

1. 数字化测绘原理

数字化测图是通过采集地形点数据并传输给计算机，通过计算机对采集的地形信息进行识别、检索、连接和调用图式符号，并编辑生成数字地形图，再发出指令由绘图仪自动绘出地形图。

在数字化地形测量中，为了使计算机能自动识别，对地形点的属性一般采用编码方法来表示。只要知道地形点的属性编码以及连接信息，计算机就能利用绘图系统软件从图式符号库中调出与该编码相对应的图式符号，连接并生成数字地形图。

2. 数字化测绘的方法

（1）野外数字化测绘。野外数字化测绘是利用全站仪或 GPS 接收机（RTK）在野外直接采集有关地形信息，并将野外采集的数据传输到电子手簿、磁卡或便携机内记录，在现场绘制地形图或在室内传输到计算机中，经过测图软件进行数据处理形成绘图数据文件，最后由数控绘图仪输出地形图，其基本系统构成如图 4 – 22 所示。野外数字化成图是精度很高的数字化测绘方法，应用较广泛。

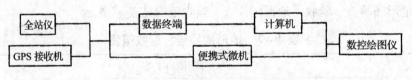

图 4 – 22　野外数字测图系统图

（2）影像数字化测绘。影像数字化测绘是利用摄影测量与遥感的方法获得测区的影像并构成立体像对，在解析测图仪上采集地形点并自动传输到计算机中，或直接用数字摄影测量方法进行数据采集，经过软件进行数据处理，自动生成地形图，并由数控绘图仪输出地形图，其基本系统构成如图 4 – 23 所示。

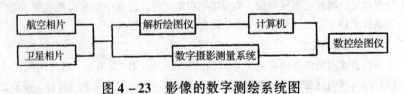

图 4 – 23　影像的数字测绘系统图

3. 数字化测绘外业数据采集

全站仪数字化测绘外业数据采集的步骤为：

（1）在测点上安置全站仪并输入测站点坐标（X、Y、H）及仪器高。

（2）照准定向点并使定向角为测站点至定向点的方向角。

（3）将棱镜高由人工输入全站仪，输入一次以后，其余测点的棱镜高则由程序默认（即自动填入原值），若棱镜高改变时，需重新输入。

（4）逐点观测，只需输入第一个测点的测量顺序号，其后测一个点，点号自动累加1，一个测区内点号是唯一的，不能重复。

（5）输入地形点编码，将有关数据和信息记录在全站仪的存储设备或电子手簿上（在数字测记模式下）。在电子平板测绘模式下，则由便携机实现测量数据和信息的记录。

4.　数字化测绘内业作图

（1）数据处理。数据处理是数字测图的中心环节，是通过相应的计算机软件来完成的，主要包括地图符号库、地物要素绘制、文字注记、等高线绘制、图形裁剪、图形编辑、图形接边和地形图整饰等功能。

1）将野外实测数据输入计算机，成图系统首先将三维坐标和编码进行初处理，形成控制点数据、地物数据、地貌数据。

2）分别对这些数据分类处理，形成图形数据文件，包括带有点号和编码的所有点的坐标文件和含有所有点的连接信息文件。

（2）编辑和输出地形图。

1）编辑。依据输入的比例尺、图廓坐标、已生成的坐标文件和连接信息文件，按编码分类，分层进入地物（如房屋、道路、水系、植被等）和地貌等各层进行绘图处理，生成绘图命令，在屏幕上显示所绘图形，再根据实际地形地貌情况对屏幕图形进行必要的编辑、修改，生成修改后的图形文件。

2）输出。数字化地形图输出形式可采用绘图机绘制地形图、显示器显示地形图、磁盘存储图形数据、打印机输出图形等，将实地采集的地物地貌特征点的坐标和高程经过计算机处理，自动生成不规则的三角网（TIN），建立起数字地面模型（DEM）。该模型的核心目的是用内插法求得任意已知坐标点的高程。用此方法可以内插绘制等高线和断面图，为道路、水利、管线等工程设计服务，还能根据需要随时取出数据，绘制出任何比例尺的地形原图。

5 建筑施工测量

5.1 建筑施工测量概述

5.1.1 施工测量基本要求

（1）施工测量同样必须遵循"由整体到局部、先高级后低级、先控制后碎部"的原则组织实施。

（2）对于大中型工程的施工测量，要先在施工区域内布设施工控制网，而且要求布设成两级，即首级控制网和加密控制网。

（3）首级控制点相对固定，布设在施工场地周围不受施工干扰、地质条件良好的地方；加密控制点直接用于测设建筑物的轴线和细部点。不管是平面控制还是高程控制，在测设细部点时要求一站到位，减少误差的累计。

5.1.2 施工测量的内容

（1）施工前应建立与工程相适应的施工控制网。

（2）建（构）筑物的放样及构件与设备安装的测量工作，以保证施工质量符合设计要求。

（3）检查和验收工作。每道工序完成后，都要通过测量检查工程各部位的实际位置和高程是否符合要求，按照实测验收的记录编绘竣工图和资料，作为验收时鉴定工程质量和工程交付后维修、管理、扩建、改建的依据。

（4）变形观测工作。变形观测工作是随着施工的进展而进行的，包括测定建（构）筑物的位移和沉降，并作为鉴定工程质量和验证工程设计、施工是否合理的依据。

5.1.3 施工测量的目的及原则

施工测量的目的是按照设计和施工的要求将设计的建（构）筑物的平面位置在地面标定出来作为施工的依据，并且在施工过程中进行一系列的测设工作，以衔接和指导工程建设阶段各工序之间的施工。

为了避免放样误差的累积，保证各种构筑物、建筑物、管线等的相对位置能满足设计要求，以方便于分期分批地进行测设和施工，施工测量必须遵循"由整体到局部、先控制后碎部"的组织原则。即首先在现场以原勘测设计阶段所建立的测图控制网为基础，建立统一的施工测量控制网，用以测设出建筑物的主轴线，然后再定出建筑物的各个部分（基础、墙体等）。采取这样一种放样的程序，可以避免因建筑物众多而引起放样工作的紊乱，且能严格保持所放样各元素之间存在的几何关系。例如，放样工业建筑物时，首先应放出厂房主轴线，再确定机械设备轴线，然后根据机械设备轴线，确定设备安装的位置。

5.1.4 施工测量的精度要求

（1）施工测量精度高低排列为：钢筋混凝土结构、钢结构、毛石混凝土结构、土石方工程。又如预制件装配式的方法比现场浇灌测量精度高，钢结构用高强度螺栓连接的精度要求比用焊接精度要求高。

（2）混凝土柱、梁、墙的施工总误差允许为 10mm ~ 30mm。高层建筑物轴线的倾斜度要求为 1/2000 ~ 1/1000。钢结构施工的总误差随施工方法不同，允许误差为 1mm ~ 8mm。土石方的施工误差允许达到 10cm。

（3）关于具体工程的具体精度要求，如果施工规范中有规定，则参照执行，如果没有规定则由设计、测量、施工以及构件制作几方人员合作共同协商决定误差分配。

5.2 建筑施工放样基本工作

5.2.1 已知水平距离放样

1. 普通方法

如果放样要求精度不高时，从已知点开始，沿给定的方向量出设计给定的水平距离，在终点处打一木桩，并在桩顶标出测设的方向线，然后仔细量出给定的水平距离，对准读数在桩顶画一垂直测设方向的短线，两线相交即为要放的点位。

为校核和提高放样精度，以测设的点位为起点向已知点返测水平距离，如果返测的距离与给定的距离有误差，且相对误差超过允许值时，须重新放样；如果相对误差在容许范围内，可取两者的平均值，用设计距离与平均值的差的一半作为正数，改正测设点位的位置（当改正数为正，短线向外平移，反之向内平移），即可得到正确的点位。

如图 5 - 1 所示，已知 A 点，欲放样 B 点，AB 设计距离为 27.50m，放样精度要求达到 1/2000。

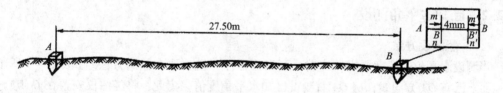

图 5 - 1 已知水平距离的普通测设法

普通方法的测量步骤为：

（1）以 A 点为基准点在放样的方向（$A - B$）上量取 27.50m，打一木桩，且在桩顶标出方向线 AB。

（2）一个测量人员把钢尺零点对准 A 点，另一测量人员拉直并放平尺子，对准 27.50m 处，在桩上画出与方向线垂直的短线 $m'n'$，交 AB 方向线于 B' 点。

（3）返测 $B'A$ 得距离为 27.506m，则有 $\Delta D = 27.50 - 27.506 = -0.06$m，所以测量的相对误差为：
$$\frac{0.06}{27.50} \approx \frac{1}{4583} < \frac{1}{2000} \tag{5-1}$$

改正数：
$$\frac{\Delta D}{2} = -0.003\text{m} \tag{5-2}$$

（4）$m'n'$ 垂直向内平移 4mm 得 mn 短线，其与方向线的交点即为欲测设的 B 点。

2. 精确方法

精确测量时，要进行尺长、温度和倾斜改正。如图 5 – 2 所示，设 d_0 为欲测设的设计长度（水平距离），在测设之前必须根据所使用钢尺的尺长方程式计算尺长改正、温度改正，再求得应量水平长度，计算公式为：

$$l = d_0 - \Delta l_d - \Delta l_t \qquad (5-3)$$

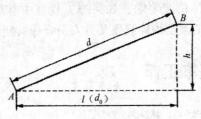

图 5 – 2　距离精确测设示意图

式中：Δl_d——尺长改正数；

　　　Δl_t——温度改正数。

考虑高差改正，可得实地应量距离为

$$d = \sqrt{l^2 + h^2} \qquad (5-4)$$

3. 用光电测距仪测设已知水平距离

（1）先在欲测设方向上目测安置反射棱镜，用测距仪测出的水平距离，设为 d_0'。

（2）设 d_0' 与欲测设的距离（设计长度）d_0 相差 Δd，前后移动反射棱镜，直至测出的水平距离等于 d_0 为止。若测距仪有自动跟踪功能，可对反向棱镜进行跟踪，直到显示的水平距离为设计长度即可。

5.2.2　已知水平角测设

1. 一般测设方法

当测设水平角的精度要求不高时，可以用盘左、盘右取中数的方法。如图 5 – 3 所示，设地面上已有 OA 方向线，从 OA 右测设已知水平角度值。为此，将经纬仪安置在 O 点，用盘左瞄准 A 点，读取度盘数值；松开水平制动螺旋，旋转照准部，使度盘读数增加多角值，在此视线方向上定出 B′ 点。为消除仪器误差和提高测设精度，用盘右重复上述步骤，再测设一次，得 B″ 点，取 B′ 和 B″ 的中点 B，则 ∠AOB 就是要测设的 β 角。此法又称为盘左盘右分中法。

2. 精确测设方法

测设水平角的精度要求较高时，可采用作垂线改正的方法来提高测设的精度。如图 5 – 4 所示，在 O 点安置经纬仪，先用一般方法测设 β 角，在地面定出 B 点；再用测回法测几个测回，较精确地测得 ∠AOB 为 β，再测出 OB 的距离。操作步骤为：

（1）先用一般方法测设出 B′ 点。

（2）用测回法对 ∠AOB′ 观测若干个测回（按测回数据要求的精度而定），求出各测回平均值 β_1，并计算出 $\Delta\beta$。

$$\Delta\beta = \beta - \beta_1 \qquad (5-5)$$

（3）量取 OB′ 的水平距离。

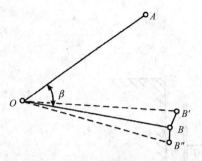 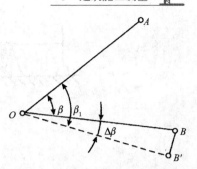

图 5 - 3　已知水平角测设的一般方法　　图 5 - 4　已知水平角测设的精确方法

（4）自 B' 点沿 OB' 的垂直方向量出距离 BB'，$BB' = OB'\tan\Delta\beta \approx OB\dfrac{\Delta\beta}{\rho}$，定出 B 点，则 $\angle AOB$ 就是要测设的角度。量取改正距离时，如 $\Delta\beta$ 为正则沿 OB' 的垂直方向向外量取；如 $\Delta\beta$ 为负，则沿 OB' 的垂直方向向内量取。

5.2.3　已知高程测设

测设已知高程就是按照已知点的高程，通过引测，把设计高程定在固定的位置上。

（1）如图 5 - 5 所示，已知水准点 A，其高程为 H_A，需要在 B 点标定出已知高程为 H_B 的位置。方法是：在 A 点和 B 点中间安置水准仪，精平后读取 A 点的标尺读数为 a，则仪器的视线高程为 a，由图可知测设已知高程为 H_B 的 B 点标尺读数应为 $b = H_i - H_B$。将水准尺紧靠 B 点木桩的侧面上下移动，直到尺上读数为 b 时，沿尺底画一标志线，此线即为设计高程 H_B 的位置。

（2）在地下坑道施工中，高程点位通常设置在坑道顶部。如图 5 - 6 所示，A 为已知高程 H_A 的水准点，B 为待测设高程为 H_B 的位置，因为 $H_B = H_A + a + b$，则在 B 点应有的标尺读数 $b = H_B - (H_A + a)$。因此，将水准尺倒立并紧靠 B 点木桩上下移动，直到尺上读数为 b 时，在尺底画出设计高程 H_B 的位置。

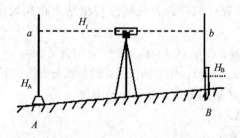 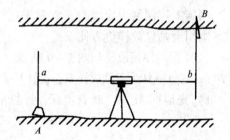

图 5 - 5　测设高程的原理　　　　图 5 - 6　坑道顶部测设高程

（3）若待测设高程点和水准点的高差较大时，如果在深基坑内或在较高的楼板上，则可以采用悬挂钢尺的方法进行测设。如图 5 - 7 所示，钢尺悬挂在支架上，零端向下并挂一重物，A 为已知高程为 H_A 的水准点，B 为待测设高程为 H_B 的点位。在地面和待测设点位附近安置水准仪，分别在标尺和钢尺上读数 a_1、b_1 和 a_2。因为 $H_B = H_A + a_1 - (b_1 - a_2) - b_2$，则可以计算出 B 点处标尺的应有读数 $b_2 = H_A + a_1 - (b_1 - a_2) - H_B$。

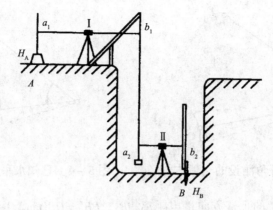

图 5 – 7　深基坑测设高程

5.2.4　点的坐标放样

1. 直角坐标法放样

如图 5 – 8 所示，A、B、C、D 为方格网的四个控制点，Q 为欲放样点。放样的方法与步骤如下：

（1）计算放样参数首先计算出 Q 点相对控制点 A 的坐标增量：

$$\Delta x_{AQ} = AM = x_Q - x_A \qquad (5 - 6)$$

$$\Delta y_{AQ} = AN = y_Q - y_A \qquad (5 - 7)$$

（2）外业测设在 A 点架设经纬仪，瞄准 B 点，并在此方向上放水平距离 $AN = \Delta y$ 得 N 点。在 N 点上架设经纬仪，瞄准 B 点，仪器左转 90°确定方向，在此方向上丈量 $NQ = \Delta x$，即得出 Q 点。

（3）校核沿 AD 方向先放样 Δx 得 M 点，在 M 点上架经纬仪，瞄准 A 点或 D 点，左转 90°再放样 Δy，也可以得到 Q 点位置。

2. 极坐标法放样

当施工控制网为导线时，常常采用极坐标法进行放样，若控制点与测站点距离较远时，则用全站仪放样更方便。

（1）用经纬仪放样如图 5 – 9 所示，已知地面上控制点 A、B，坐标分别为 $A(x_A，y_A)$ 和 $B(x_B，y_B)$，M 为一欲放样点，设计其坐标为 $M(x_M，y_M)$，用经纬仪放样的步骤与方法如下：

1）先根据 A、B、M 点坐标，计算出 AB、AM 边的方位角和 AM 的距离。

$$\left.\begin{aligned} \alpha_{AB} = \arctan \frac{\Delta y_{AB}}{\Delta x_{AB}} \\[2mm] \alpha_{AM} = \arctan \frac{\Delta y_{AM}}{\Delta x_{AM}} \end{aligned}\right\} \qquad (5 - 8)$$

$$D_{AM} = \sqrt{\Delta x_{AM}^2 + \Delta y_{AM}^2} \qquad (5 - 9)$$

2）再计算出 $\angle BAM$ 的水平角 β

$$\beta = a_{AM} - a_{AB} \qquad (5 - 10)$$

3）安置经纬仪在 A 点上，对中、整平。

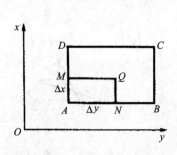

图 5 - 8 直角坐标法放样

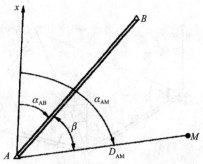

图 5 - 9 极坐标法放样

4）以 AB 为起始边，顺时针转动望远镜，测设水平角 β，然后固定照准部。

5）在望远镜的视准轴方向上测设距离 D_{AM}，即得 M 点。

（2）用全站仪放样如图 5 - 9 所示，全站仪极坐标放样准确、方便，步骤与方法如下：

1）输入已知点 A、B 和需放样点 M 的坐标（若存储文件中有这些点的数据也可直接调出），仪器自动计算出放样的参数（水平距离、起始方位角和放样方位角以及放样水平角）。

2）在测站点 A 安置全站仪，开始放样。根据仪器要求输入测站点 A，再输入后视点 B，并精确瞄准后视点 B。

这时，仪器自动计算出 AB 方向，且自动设置 AB 方向的水平盘读数为 AB 的坐标方位角。

3）根据要求输入方向点 P，仪器显示 P 点坐标，待检查无误后，这时，仪器自动计算出 AM 的方向（坐标方位角）和水平距离。水平转动望远镜，使仪器视准轴方向为 AM 方向。

4）在望远镜视线方向上立反射棱镜，显示屏显示的距离便是测量距离与放样距离的差值，即棱镜的位置与欲放样点位的水平距离之差，此值如果是正值，则表示已超过放样标定位，为负值则相反。

5）使反射棱镜沿望远镜的视线方向移动，当距离差值读数为 0.000m 时，棱镜所在的点即为欲放样点 M 的位置。

3. 角度交会法放样

角度交会法适用于欲测设点距控制点较远，地形起伏大，且量距比较困难的建筑施工场地。

如图 5 - 10（a）所示，A、B、C 为已知控制点，M 为欲测设点，用角度交会法测设 M 点，测设步骤与方法如下：

（1）首先按坐标反算公式，分别计算出 α_{AB}、α_{AP}、α_{BP}、α_{CB} 和 α_{CP}，再计算水平角 β_1、β_2 和 β_3。

（2）在 A、B 两点同时安置经纬仪，同时测设水平角 β_1 和 β_2，定出两条视线，在两条视线相交处钉下一个大木桩，在木桩上依 AM、BM 绘出方向线及其交点。

（3）在控制点 C 上安置经纬仪，测设水平角 β_3，同样在木桩上依 CM 绘出方向线。

（4）当交会无误差时，依 CM 绘出的方向线应通过前两方向线的交点，否则会形成一个"示误三角形"，如图 5 - 10（b），若示误三角形边长在限差以内，那么示误三角形重心作为欲测设点 M 的最终位置。

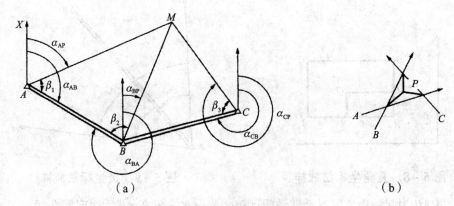

图 5 – 10　角度交会法放样

4. 距离交会法放样

当测设点与控制点距离不长、施工场地平坦、易于量距的情况下，用距离交会法测设点的位置。

如图 5 – 11 所示，A、B 为控制点，M 点为欲测点，测设步骤与方法如下：

（1）根据 A、B 的坐标和 M 点坐标，用坐标反算方法计算出 d_{AM}、d_{BM}。

（2）分别以控制点 A、B 为圆心，以距离 d_{AM} 和 d_{BM} 为半径在地面上画圆弧，两圆弧的交点即为欲测设的 M 点的平面位置。

（3）实地校核。若待放点有两个以上，可按照各待放点的坐标反算各待放点之间的水平距离。对已经放样出的各点，再实测出它们之间的距离，且与相应的反算距离比较进行校核。

5. GPS 测设法放样

GPS 放样操作步骤与方法：

（1）先将需要放样的点、曲线、直线、道路"键入"，或由"TGO"导入控制器。

（2）从主菜单中，选"测量"，从"选择测量形式"菜单中选择"RTK"。

（3）从主菜单选"放样"按回车，从显示的"放样"菜单中将光标移至如图 5 – 12 所示的点，回车，按 F1（控制器内数据库的点增加到"放样/点"菜单中）。

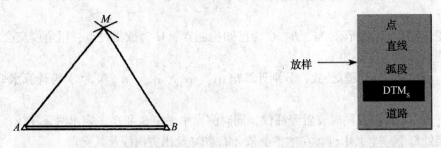

图 5 – 11　距离交会法放样　　　　　**图 5 – 12　放样菜单界面**

（4）选"从列表中选"，选择所要放样的点，按 F5 后就会在点左边出现一个"√"，那么这个点就增加到"放样"菜单中，按回车，返回"放样/点"菜单，选择要放样的点，回车，显示如图 5 – 13 所示。

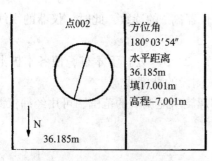
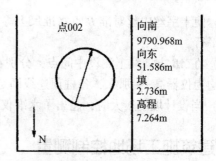

图 5 - 13 点的放样数据界面

（5）两个图可以通过 F5 来转换，按照需要而选
择。当你的当前位置很接近放样点时，就会显示如
图 5 - 14 所示的内容。

（6）界面中"◎"表示镜杆所在位置，"＋"表
示放样点的位置，此时按下 F2 进入精确放样模式，
直至出现"＋"与"◎"重合，放样完成。

（7）最后按两下 F1，测量 3s ~ 5s，按 F1 存储。

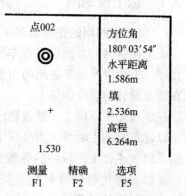

5.2.5　已知坡度直线测设

如图 5 - 15 所示，A、B 为坡度线的两端点，其
水平距离为 D，设 A 点的高程为 H_A，要沿 AB 方向测
设一条坡度为 i_{AB} 的坡度线。测设步骤与方法如下：

图 5 - 14 点的放样数据界面

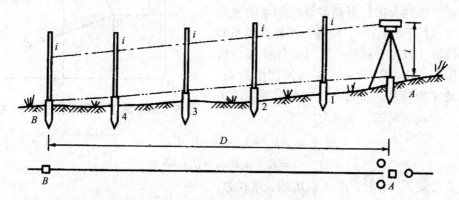

图 5 - 15 已知坡度线的测设图示

（1）根据 A 点的高程、坡度 i_{AB} 和 A、B 两点间的水平距离 D，计算出 B 点的设计高程。

$$H_B = H_A + i_{AB}D \tag{5-11}$$

（2）按测设已知高程的方法，在 B 点处将设计高程 H_B 测设于 B 桩顶上，此时，AB 直
线构成坡度为 i_{AB} 的坡度线。

（3）然后将水准仪安置在 A 点上，并且让基座上的一脚螺旋在 AB 方向线上，另外两
个脚螺旋的连线与 AB 方向垂直。

（4）量取仪器高度 i，用望远镜瞄准 B 点的水准尺，转动在 AB 方向上的脚螺旋或微

倾螺旋，使十字丝中丝对准 B 点水准尺上等于仪器高 i 的读数，此时，仪器的视线与设计坡度线平行。

（5）在 AB 方向线上测设中间点，分别在 1、2、3…处打下木桩，使各木桩上水准尺的读数均为仪器高 i，那么，各桩顶连线即是欲测设的坡度线。

（6）当设计坡度较大时，超出了水准仪脚螺旋所能调节的范围，可用经纬仪测设。

5.3 建筑施工场地控制测量

5.3.1 施工控制网

1. 施工控制网的布设要求

施工控制网的布设应该看作是整个工程施工设计的一部分。在布网时，应当考虑到施工程序、方法以及施工场地的布置情况。为了防止控制点的标桩被破坏，所布设的点位要画在施工设计的总平面图上。

在建筑总平面图上，建筑物的平面位置一般用施工坐标系来表示。所谓施工坐标系，就是以建筑物的主轴线作为坐标轴而建立起来的局部坐标系。例如工业建设场地通常采用主要车间或主要生产设备的轴线作为坐标轴来建立施工坐标系。因此在布设施工控制网时，要尽量将这些轴线包括在控制网内，使它们成为控制网的一条边。

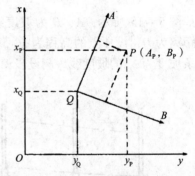

当施工控制网与测图控制网的坐标系不一致时（因为建筑总平面图是在地形图上设计的，因此，施工场地上的已有高等级控制点的坐标是测图坐标系下的坐标），应进行两种坐标系间的数据换算，以使坐标统一。其具体换算方法为：在图 5 – 16 中，设 xOy 以为测图坐标系，AQB 为施工坐标系，那么 P 点在两个系内的坐标 x_P、y_P 和 A_P、B_P 的关系式为：

图 5 – 16 施工与测量坐标系的关系

$$x_P = x_Q + A_P \cos\alpha - B_P \sin\alpha \qquad (5 – 12)$$

$$y_P = y_Q + A_P \sin\alpha - B_P \cos\alpha \qquad (5 – 13)$$

或在已知 x_P、y_P 时，求 A_P、B_P 的关系式为：

$$A_P = (x_P - x_Q)\cos\alpha + (y_P - y_Q)\sin\alpha \qquad (5 – 14)$$

$$B_P = (x_P - x_Q)\sin\alpha + (y_P - y_Q)\cos\alpha \qquad (5 – 15)$$

以上式中的 x_Q、y_Q 和 α（施工坐标系纵轴与测图坐标系纵轴间夹角）是设计文件给出或在总平面图上用图解法量取。

2. 建筑基线

当施工场地范围不大（小于 $1 \mathrm{km}^2$）时，同时又是一般建筑区，可在场地上布置一条或几条基线，称之为"建筑基线"，用作施工场地的控制网。在布设时要注意：

（1）尽量靠近拟建的主要建筑物，与其轴线保持平行。基线点通视情况要良好。

（2）与施工场地的建筑红线尽可能联系。在城市建筑工地，基地面积较小时，也可直接采用建筑红线来控制。

（3）为便于检查建筑基线是否存在变动，基线点不应少于三个。

（4）基线点需较长时间保存，因此要选在不易受破坏之处，同时埋设混凝土桩。

3. 建筑基线的布设方法

首先要在建筑总平面图上作基线位置设计，根据现场已有的控制点，采用上述点位的测设方法，测设建筑基线点。如图 5 – 17 所示，P、Q 为现场原设置的控制点，可以根据它测设建筑基线点 A、B、C、D。测设钉桩完毕，要进行测设点位的精度检查。在 B 点安置经纬仪，测定 $\angle ABD$ 及 $\angle DBC$，与 $90°$ 的差值不得超过 $\pm 10''$。假若超过，则可按照图 5 – 18 所示，采用下式求得改正数 d：

$$d = l \frac{\sigma}{\rho} \tag{5-16}$$

$$\sigma = \frac{\alpha' - \beta'}{2} \tag{5-17}$$

$$\alpha' = \angle ABD', \qquad \beta' = \angle D'BC \tag{5-18}$$

式中：ρ——弧度的秒数（$\rho = 206265''$）。

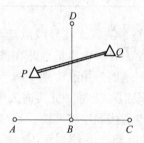

图 5 – 17　建筑基线的测设图

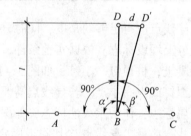

图 5 – 18　测设建筑基线的误差调整

与此同时，用精密量距法丈量 AB、BC 及 BD 的水平距离，与设计图上根据坐标值得的距离之差，如相对误差不大于 1/1000，那么认为精度合格。否则，要复查原因，加以调整或重新测设。

5.3.2　平面施工控制网

1. 导线测量

（1）导线测量的外业观测。导线测量是建立在小区域平面控制网一种较为常用的方法，它适用于地物分布复杂的建筑区、水利工程、地下工程、公路、铁路和平坦但通视条件较差的隐蔽区。采用经纬仪测量导线各转折角，用钢尺丈量导线各边边长，称为经纬仪量距导线。采用测距仪或全站仪测量导线各转折角和边长，则称为电磁波测距导线。

1）踏勘选点及建立标志。在踏勘选点之前，应首先调查收集测区已有的地形图和高一级控制点的成果资料，然后再到现场进行踏勘，了解测区的形状和寻找已知点。根据已知控制点的分布、测区地形条件和测图及工程要求等具体情况，同时在测区原有地形图上拟定导线的布设方案，最后到实地去踏勘、核对、修改、落实点位和建立标志。

在选点时要注意以下几点：

①邻点间应保证通视良好，便于测角和量距。

②点位应选择土质坚实，便于安置仪器和保存标志的地方。

③视野要开阔，便于施测碎部。

④导线各边的长度应大致相等，除有特殊情况以外，应不大于350m，同时不宜小于50m，平均边长见表5-1所示。

表5-1　各级钢尺量距导线主要技术指标

等级	测图比例尺	附合导线长度（m）	平均边长（m）	往返丈量较差的相对中误差（mm）	测角中误差（″）	导线全长相对闭合差 K	测回数 DJ₂	测回数 DJ₆	方位角闭合差（″）
一级	—	3600	300	≤1/20000	≤±5	1/10000	2	4	±10$\sqrt{n}$
二级	—	2400	200	≤1/15000	≤±8	1/7000	1	3	±16$\sqrt{n}$
三级	—	1500	120	≤1/10000	≤±12	1/5000	1	2	±24$\sqrt{n}$
图根	1:500	500	75	≤1/3000	≤±20	1/2000	—	1	±60$\sqrt{n}$
	1:1000	1000	120						
	1:2000	2000	200						

⑤导线点应有足够的密度，同时分布均匀，以便控制整个测区。在导线点选定之后，应在点位上埋设标志。根据实地条件，临时性标志可在点位上打一大木桩，并在桩的四周浇灌混凝土，桩顶钉一小钉，如图5-19所示；也可在水泥地面上用红漆画一圈，在圈内打一水泥钉或点一小点。若导线点需要长时间保存，应埋设混凝土桩，桩顶嵌入带"十"字的金属标志，作为永久性标志，如图5-20所示。导线点应按顺序将其统一编号。为了方便寻找，应量出导线点与其附近固定而明显的地物点的距离，并绘制草图，标注尺寸（图5-21），称为"点之记"。

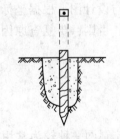
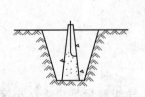
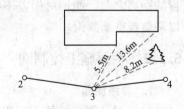

图5-19　临时性导线点　　　图5-20　永久性导线点　　　图5-21　点之记

2）量边。导线量边一般用钢尺或高精卷尺直接丈量，条件允许最好用光电测距仪直接测量。

在使用钢尺量距时，应用已检定过的30m或50m钢尺，对于一、二、三级导线，应按钢尺量距的精密方法进行丈量，对于图根导线用一般方法往返丈量或同一方向丈量两次，并取其平均值。其丈量结果要满足表5-1的要求。

3）测角。测角方法主要采用测回法，每个角的观测次数与导线等级、使用的仪器均有关，具体要求可参见表 5–1。对于图根导线，一般用 DJ$_6$ 级光学经纬仪观测一个测回。若盘左、盘右所测得的角值较差不超过 40″，则取其平均值。

导线测量可测左角（位于导线前进方向左侧的角）或右角，而在闭合导线中必须测量内角（如图 5–22，（a）图应观测右角；（b）图应观测左角）。

4）连测。若测区中有导线边与高级控制点连接时，还应观测连接角与连接边，如图 5–22（a），同时必须观测连接角 φ_B、φ_1 及连接边 D_{B1}，作为传递坐标方位角和坐标之用。如果附近没有高级控制点，则应用罗盘仪施测导线起始边的磁方位角或采用建筑物南北轴线作为定向的标准方向，并假定起始点的坐标作为起算数据。

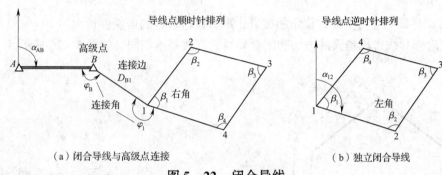

（a）闭合导线与高级点连接　　　　　（b）独立闭合导线

图 5–22　闭合导线

5）查找导线测量错误的方法。在导线计算过程中，如发现角度闭合差或导线坐标闭合差大大超过允许值，则说明测量外业或内业计算出现错误。首先应检查内业计算过程，若无错误，则说明测得的角度或边长有错误。具体查找方法如下：

①查找测角错误的方法：如图 5–23 所示，假设闭合导线多边形的 ∠4 测错，其错误值为 δ，其他各边、角均未发生错误，则 45、51 两导线边均绕点 4 旋转一个 δ 角，造成点 5、1 移到 5′、1′位置，11′即为由于点 4 角测错而产生的闭合差。因为 14 = 1′4，所以 △141′为等腰三角形，所以过 11′的中点作为垂线将通过点 4。由此可见，闭合导线可按边长和角度，按一定比例尺作图，并在闭合差连线的中点作垂线，如果垂线通过或接近通过某点（如点 4），那么该点角度测算错误的可能性最大。

图 5–24 为附合导线，先将两个端点按比例和坐标值展在图上，然后分别从两端 B 点和 C 点开始，按边长和角度绘制出两条导线图，分别为 B，1，2，…，C′ 和 C，4，…，B′，两条导线的交点 3，其角度测算错误的可能性最大。

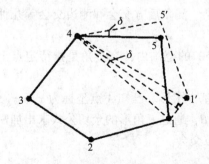

图 5–23　查找闭合导线测角错误

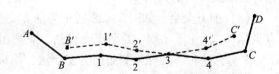

图 5–24　查找附合导线测角错误

如果错误较小，采用图解法难以显示角度测算错误的点时，可分别从导线两端点开始，计算各点坐标，若某一点的两个坐标值接近，那么该点角度测算错误的可能性最大。

②查找量边错误的方法：当角度闭合差在允许范围之内，而坐标增量闭合差却远远超过限值时，说明边长丈量出现错误。在图 5－25 中，假设闭合导线的 23 边测量错误，其错误大小为 33′。由图可以看出，闭合差 11′ 的方向与量错的边 23 的方向相平行。因此，可用下式计算闭合差 11′ 的坐标方位角：

$$\alpha = \arctan \frac{f_y}{f_x} \qquad\qquad (5-19)$$

如果 α 与某一边的坐标方位角相接近，那么该边量错的可能性最大。

查找附合导线边长错误的方法和闭合导线的方法基本相同，如图 5－26 所示。

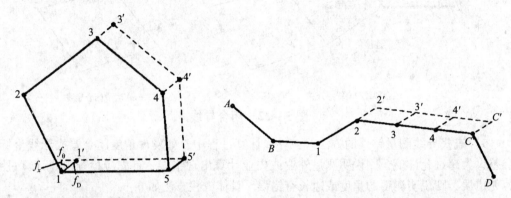

图 5－25　查找闭合导线边长错误　　　　图 5－26　查找附合导线边长错误

（2）导线测量的内业计算。导线测量外业完成后，就要进行导线内业计算，其主要目的就是根据已知的起始数据和外业观测成果，通过调整误差，计算出各导线点的平面坐标。在计算之前，首先要全面检查导线测量外业记录，数据是否齐全，有无记错、算错，其成果是否符合精度要求，起算数据是否准确。然后绘制导线略图，并把各项数据注于图上相应位置。

2. 交会法测量

在进行平面控制测量时，若导线点的密度不能满足测图和工程的要求，则需要进行控制点的加密。控制点的加密，可采用导线测量，也可采用交会定点法。根据测角、测边的不同，交会定点可分为测角前方交会、测角侧方交会、测角后方交会和测边交会等几种方法，如图 5－27 所示。

在选用交会法时，必须注意交会角应在 30°～150° 的范围内，交会角是指待定点至两相邻已知点方向的夹角。

（1）前方交会。如图 5－28 所示为前方交会的基本图形。已知 A 点坐标为 x_A、y_A，B 点坐标为 x_B、y_B，在 A、B 两点上设站，观测出 α、β，通过三角形的余切公式求出加密点 P 的坐标，这种方法称为测角前方交会法，简称前方交会。

按导线计算公式，由图 5－28 可知：

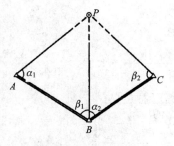

（a）测角前方交会

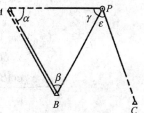

（b）测角侧方交会

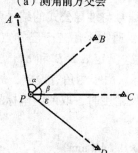

（c）测角后方交会

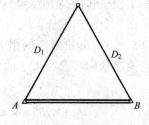

（d）测边交会

图 5 - 27 各种交会图形

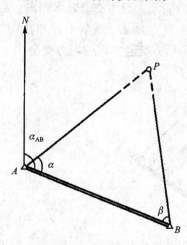

图 5 - 28 前方交会（一）

因 $$x_P = x_A + \Delta x_{AP} = x_A + D_{AP}\cos\alpha_{AP} \qquad (5-20)$$

而 $$\alpha_{AP} = \alpha_{AB} - \alpha, \quad D_{AP} = D_{AB}\sin\beta/\sin(\alpha+\beta) \qquad (5-21)$$

则 $$x_P = x_A + D_{AP}\cos\alpha_{AP} \qquad (5-22)$$

$$= x_A + \frac{D_{AB}\sin\beta\cos(\alpha_{AB}-\alpha)}{\sin(\alpha+\beta)}$$

$$= x_A + \frac{D_{AB}\sin\beta(\cos\alpha_{AB}\cos\alpha + \sin\alpha_{AB}\sin\alpha)}{\sin\alpha\cos\beta + \cos\alpha\sin\beta}$$

$$= x_A + \frac{D_{AB}\sin\beta(\cos\alpha_{AB}\cos\alpha + \sin\alpha_{AB}\sin\alpha)/(\sin\alpha\sin\beta)}{(\sin\alpha\cos\beta + \cos\beta\sin\alpha)/(\sin\alpha\sin\beta)}$$

$$= x_A + \frac{D_{AB}\cos\alpha_{AB}\cot\alpha + D_{AB}\sin\alpha_{AB}}{\cot\alpha + \cot\beta}$$

$$= x_A + \frac{(x_B - x_A)\cot\alpha + (y_B - y_A)}{\cot\alpha - \cot\beta}$$

同理得
$$\left. \begin{aligned} x_P &= \frac{x_A\cot\beta + x_B\cot\alpha + (y_B - y_A)}{\cot\alpha + \cot\beta} \\ y_P &= \frac{y_A\cot\beta + y_B\cot\alpha + (x_B - x_A)}{\cot\alpha + \cot\beta} \end{aligned} \right\} \tag{5-23}$$

应用上式计算坐标时，必须注意实测图形的编号与推导公式的编号要一致。

在实践中，为了校核和提高 P 点坐标的精度，通常采用三个已知点的前方交会图形。如图 5-29 所示，在三个已知点 A、B、C 上设站，测定 α_1、β_1 和 α_2、β_2，构成两组前方交会，然后按式（5-23）分别解算两组 P 点坐标。由于测角有误差，故解算得两组 P 点坐标不会相等，若两组坐标较差不大于两倍比例尺精度时，取两组坐标的平均值作为 P 点最后的坐标。即：

$$f_D = \sqrt{\delta_x^2 + \delta_y^2} \leqslant f_容 = 2 \times 0.1M(mm) \tag{5-24}$$

式中：δ_x、δ_y——两组 x_P、y_P 坐标值之差；

M——测图比例尺分母。

（2）后方交会。如图 5-30 所示为后方交会基本图形。A、B、C、D 为已知点，在待定点 P 上设站，分别观测已知点 A、B、C，观测出 α 和 β，然后根据已知点的坐标计算出 P 点的坐标，这种方法称为测角后方交会，简称后方交会。

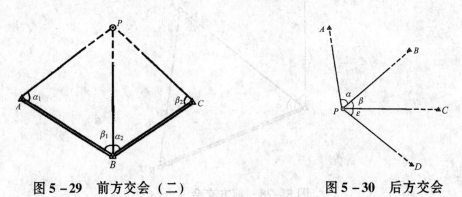

图 5-29　前方交会（二）　　　　　图 5-30　后方交会

为了保证 P 点的坐标精度，后方交会还应该用第四个已知点进行检核。如图 5-30 所示，在 P 点观测 A、B、C 点的同时，还应观测 D 点，测定检核角 $\varepsilon_测$，在算得 P 点坐标后，可求出 α_{PB} 与 α_{PD}，由此得 $\varepsilon_计 = \alpha_{PD} - \alpha_{PB}$。若角度观测和计算无误时，则应有 $\varepsilon_测 = \varepsilon_计$。

但由于观测误差的存在，使 $\varepsilon_计 \neq \varepsilon_测$，二者之差为检核角较差，即：

$$\Delta\varepsilon = \varepsilon_测 - \varepsilon_计 \tag{5-25}$$

$\Delta\varepsilon$ 的容许值可用下式计算：

$$\Delta\varepsilon_容 = \pm \frac{M}{10^4 \times S_{PB}}\rho \tag{5-26}$$

式中：M——测图比例尺分母。

如果选定的交会点 P 与 A、B、C 三点恰好在同一圆周上时，则 P 点无定解，此圆称为危险圆。在后方交会中，要避免 P 点处在危险圆上或危险圆附近，一般要求 P 点至危险圆距离应大于该圆半径的 $1/5$。

5.3.3 建筑方格网

1. 建筑方格网的布设

在大中型建筑场地上，由正方形或矩形组合而成的施工控制网，称之为建筑方格网。方格网的形式有正方形、矩形两种。建筑方格网的布设要根据总平面图上各种已建和待建的建筑物、道路及各种管线的布设情况，并结合现场的具体地形条件来确定。在设计时要先选定方格网的主轴线，之后再布置其他的方格点。方格网是场区建（构）筑物放线的依据，在布网过程中要考虑以下几点：

（1）建筑方格网的主轴线位于建筑场地的中央，同时与主要建筑物的轴线平行或垂直，并且使方格网点近于测设对象。

（2）方格网的转折角应严格保证成 $90°$。

（3）方格网的边长通常为 $100m \sim 200m$，边长的相对精度通常为 $1/20000 \sim 1/10000$。

（4）按照实际地形布设，使控制点位于测角、量距比较方便的地方，并且使埋设标桩的高程与场地的设计标高不要相差太大。

（5）当场地面积不大时，要布设成全面方格网。若场地面积较大，应分二级布设，首级可采用"十"字形、"口"字形或"田"字形，随后，再加密方格网。

建筑方格网的轴线与建筑物轴线要保持平行或垂直，所以，用直角坐标法进行建筑物的定位、放线较为方便，并且精度较高。但由于建筑方格网必须按总平面图的设计来布置，放样工作量成倍增加，其点位缺乏灵活性，易被毁坏，因此在全站仪逐步普及的条件下，正逐渐被导线网或三角网所代替。

2. 建筑方格网的测设

（1）主轴线的测设。因为建筑方格网是根据场地主轴线布置的，所以在测设时，要首先根据场地原有的测图控制点，并测设出主轴线三个主点。

（2）方格网点的测设。采用角度交会法定出格网点。其作业过程如图 5 – 31 所示：用两台经纬仪分别安置在 A、C 两点上，都以 O 点为起始方向，分别向左、向右精确地测设出

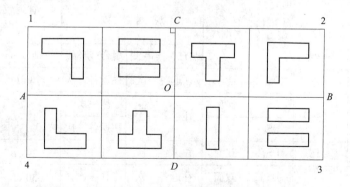

图 5 – 31　建筑方格网

90°角，其角度观测应符合表5-2中的规定。在测设方向上交会1点，交点1的位置确定后，进行交角的检测和调整，采取同法测设出主方格网点2、3、4，即构成了田字形的主方格网。在主方格网测定后，以主方格网点为基础，进行加密其余各格网点。

表5-2 方格网测设角度观测要求（″）

方格网等级	经纬仪型号	测角中误差	测回数	测微器两次读数	半测回归零差	一测回2C值互差	各测回方向互差
I级	DJ1	5	2	≤1	≤6	≤9	≤6
	DJ2	5	3	≤3	≤8	≤13	≤9
II级	DJ2	8	2	—	≤12	≤18	≤12

5.3.4 高程施工控制网

1. 普通水准测量的观测

按照规定，一、二等水准测量在观测过程中，应采用精密水准仪和铟瓦水准尺，采用光学测微法读数并进行往返观测，是属于精密水准测量。而对三、四等水准测量，在观测时可采用普通 S_3 型水准仪和双面水准尺，采用中丝读数法进行往返观测，是属于普通水准测量。三、四等水准测量一般适用于国家高层控制网的加密，在城市建设中用于建立小地区首级高程控制网，以及工程建设场区内的工程测量和变形监测的基本高程控制，地形测量时再用图根水准测量或三角高程测量进行加密。三、四等水准点的高程应从附近的一、二等水准点引测，布设成附合或闭合水准路线，其水准点位应选择土质坚硬、同时便于长期保存和使用的地方，埋设水准标石，也可利用埋石的平面控制点作为水准高程控制点，为了方便寻找，水准点应绘制点之记。本节只介绍三、四等水准测量的方法，其水准路线的布设形式，主要分为单一的附合水准路线、闭合水准路线、支线水准路线和水准网。

（1）三、四等水准测量的规范要求。三、四等水准测量所使用的仪器及主要技术要求见表5-3，每站观测的技术要求见表5-4。

表5-3 城市及工程各等级水准测量主要技术指标

等级	第千米高差全中误差（mm）	路线长度（km）	水准仪的型号	水准尺	观测次数		往返较差、附合或环线闭合差	
					与已知点联测	附合或环线	平地（mm）	山地（mm）
二等	2	—	DS₁	铟瓦	往返各一次	往返各一次	$4\sqrt{L}$	—
三等	6	≤50	DS₁	铟瓦	往返各一次	往一次	$12\sqrt{L}$	$4\sqrt{n}$
			DS₃	双面		往返各一次		
四等	10	≤16	DS₃	双面	往返各一次	往一次	$20\sqrt{L}$	$6\sqrt{n}$
五等	15	—	DS₃	双面	往返各一次	往一次	$30\sqrt{L}$	—

注：L 为附合路线或环线的长度，单位为（km）。

表5-4 各等级水准测量每站观测的主要技术要求

等级	水准仪的型号	视线长度（m）	前后视距较差（m）	前后视距累积差（m）	视线离地面最低高度（m）	黑面、红面读数较差（mm）	黑、红面所测高差较差（mm）
二等	DS₁	50	1	3	0.5	0.5	0.7
三等	DS₁	100	3	6	0.3	1.0	1.5
三等	DS₃	75				2.0	3.0
四等	DS₃	100	5	10	0.2	3.0	5.0
五等	DS₃	100	大致相等	—	—	—	—

注：1. 二等水准视线长度小于20m时，其视线高度不应低于0.3m。

2. 三、四等水准采用变动仪器高度观测单面水准尺时，所测两次高差较差应与黑、红面所测高差之差的要求相同。

（2）三、四等水准测量的观测方法。三、四等水准测量的观测工作应在通视良好、成像清晰、稳定的情况下进行。在此仅介绍双面尺法的观测程序，基本内容见表5-5，观测数据及计算过程见表5-6。

表5-5 三、四等水准测量的观测方法

项目	内　　容
一站的观测顺序	1）在测站上安置水准仪，同时使圆水准气泡居中，后视水准尺黑面，用上、下视距丝读数，并记入表5-6中的（1）、（2）位置，然后转动微倾螺旋，使符合水准气泡居中，采用中丝读数，记入表5-6中的（3）位置； 2）前视水准尺黑面，用上、下视距丝读数，并记入表5-6中的（4）、（5）位置，然后转动微倾螺旋，使符合水准气泡居中，采用中丝读数，记入表5-6中的（6）位置； 3）前视水准尺红面，旋转微倾螺旋，使管水准气泡居中，采用中丝读数，记入表5-6中（7）位置； 4）后视水准尺红面，转动微倾螺旋，使符合水准气泡居中，采用中丝读数，记入表5-6中（8）位置。以上（1），（2），…，（8）表示观测与记录的顺序，见表5-6； 这样的观测顺序可称为"后、前、前、后"，其明显优点是可以大大减弱仪器下沉等产生的误差。对四等水准测量每站观测顺序也可为"后、后、前、前"
一站的计算与检核	1）视距计算与检核。根据前、后的上、下丝读数计算前、后视的视距（9）和（10） 后视距离（9）：（9）=（1）-（2） 前视距离（10）：（10）=（4）-（5） 计算前、后视距差（11）：（11）=（9）-（10）。对于三等水准测量，（11）不得超过3m；对于四等水准测量，（11）不得超过5m。 计算前、后视距累积差（12）：（12）=上站之（12）+本站（11）。对于三等水准测量，（12）不得超过6m；对于四等水准测量，（12）不得超过10m。

续表 5 - 5

项目	内　　容
一站的计算与检核	2）同一水准尺红、黑面中丝读数的检核。k 为双面水准尺的红面分划与黑面分划之间的零点差，配套使用的两把尺其 k 为 4687mm 或 4787mm，同一把水准尺其红、黑面中丝读数差可按下式计算： $$(13) = (6) + k - (7)$$ $$(14) = (3) + k - (8)$$ （13）、（14）的大小，对于三等水准测量，不得超过 2mm；对于四等水准测量，不得超过 3mm； 　3）高差计算与检核。按前、后视水准尺红、黑面中丝读数分别计算一站高差 　　计算黑面高差（15）：$(15) = (3) - (6)$ 　　计算红面高差（16）：$(16) = (8) - (7)$ 　　红黑面高差之差（17）：$(17) = (15) - (16) \pm 0.100 = (14) - (13)$（检核用） 式中：0.100——单、双号两根水准尺红面零点注记之差，应以 m 为单位； 　　对于三等水准测量，（17）不得超过 3mm；对于四等水准测量，（17）不得超过 5mm。 　4）计算平均高差。红、黑的高差之差在容许范围之内时，取其平均值作为该站的观测高差（18） $$(18) = \frac{(15) + (16) \pm 0.100}{2}$$
每页计算的校核	1）高差部分。以红、黑面后视总和减去红、黑面前视总和应等于红、黑面的高差总和，还应等于平均高差总的两倍。即 　当测站数为偶数时： $$\sum[(3) + (8)] - \sum[(6) + (7)] = \sum[(15) + (16)] = 2\sum(18)$$ 　当测站数为奇数时： $$\sum[(3) + (8)] - \sum[(6) + (7)] = \sum[(15) + (16)] = 2\sum(18) \pm 0.100$$ 　2）视距部分。后视距离的总和减去前视距离的总和应等于末站视距累积差。即 $$\sum(9) - \sum(10) = 末站(12)$$ 确认校核无误之后，即可算出总视距 $$总视距 = \sum(9) + (10)$$ 用双面尺法进行三、四等水准测量的记录、计算与校核，见表 5 - 6

表 5 - 6　三、四等水准测量记录

测站编号	点号	后尺	上丝 下丝	后尺	上丝 下丝	方向及尺号	水准尺读数		K + 黑 - 红 （mm）	平均高差 （m）
							黑面	红面		
		后视距		前视距						
		视距差		累积差∑d						
一	一	（1） （2） （9） （11）		（4） （5） （10） （12）		后尺 前尺 后 - 前	（3） （6） （15）	（8） （7） （16）	（14） （13） （17）	（18）

续表 5 –6

测站编号	点号	后尺 上丝/下丝	后尺 上丝/下丝	方向及尺号	水准尺读数		K + 黑 – 红（mm）	平均高差（m）
		后视距	前视距		黑面	红面		
		视距差	累积差 ∑d					
1	BM₂ | TP₁	1426 0995 43.1 +0.1	0801 0371 43.0 +0.1	后 106 前 107 后 – 前	1211 0586 +0.625	5998 5273 +0.725	0 0 0	+0.6250
2	TP₁ | TP₂	1812 1296 51.6 –0.2	0570 0052 51.8 –0.1	后 107 前 106 后 – 前	1554 0311 +1.243	6241 5097 +1.144	0 +1 –1	+1.2435
3	TP₂ | TP₃	0889 0507 51.6 –0.2	1713 1333 38.0 +0.1	后 106 前 107 后 – 前	0698 1523 –0.825	5486 6210 –0.724	01 0 –1	–0.8245
4	TP₃ | BM₁	0758 0390 36.8 –0.2	0758 0390 36.8 –0.1	后 107 前 106 后 – 前	1708 0574 +1.134	6395 5361 +1.034	0 0 0	+1.1340
检核计算		∑(9) = 169.5 ∑(10) = 169.6 ∑(9) – ∑(10) = –0.1 ∑(9) + ∑(10) = 339.1		∑(3) = 5.171 ∑(6) = 2.994 ∑(15) = +2.177 ∑(15) + ∑(16) = +4.356			∑(8) = 24.120 ∑(7) = 21.941 ∑(16) = +2.179 2∑(18) = +4.356	

2. 三角高程测量

（1）三角高程测量的主要技术要求。三角高程测量的主要技术要求，是指针对竖直角测量的技术要求，一般可分为两个等级，即四、五等，其可作为测区的首级控制，技术要求列于表 5 –7。

表 5 –7　电磁波测距三角高程测量的主要技术要求

等级	仪器	测距边测回数	竖直角测回数		指标差较差（"）	竖直角较差（"）	对向观测高差较差（mm）	附合或环线闭合差（mm）
			三丝法	中丝法				
四	DJ2	往返各一次	—	3	≤7	≤7	40 $\sqrt{D}$	20 $\sqrt{\sum D}$
五	DJ2	1	1	2	≤10	≤10	60 $\sqrt{D}$	30 $\sqrt{\sum D}$

注：D 为电磁波测距边长度（km）。

（2）三角高程测量的原理。三角高程测量，是根据两点之间的水平距离和竖直角来计算两点的高差，然后求出所求点的高程。

如图 5 – 32 所示，在 A 点安置仪器，然后用望远镜中丝瞄准 B 点觇标的顶点，并测得竖直角 α，量取仪器高 i 和觇标高 v，如果测出 A、B 两点间的水平距离 D，则可求得 A、B 两点间的高差，即：

$$h_{AB} = D\tan\alpha + i - v \tag{5 – 27}$$

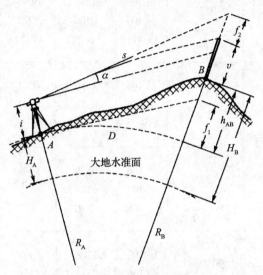

图 5 – 32　三角高程测量的原理

B 点高程为：

$$H_B = H_A + D\tan\alpha + i - v \tag{5 – 28}$$

三角高程测量一般采用对向观测法，即自 A 向 B 观测称之为直觇，再从 B 向 A 观测称之为反觇，直觇和反觇称为对向观测。采用对向观测的方法可以有效减弱地球曲率和大气折光产生的影响。但对向观测所求得的高差较差不应大于 $0.1D$（m）（D 为水平距离，以 km 为单位），则取对向观测的高差中数为最后结果，即：

$$h_{中} = \frac{1}{2}(h_{AB} - h_{BA}) \tag{5 – 29}$$

公式（5 – 28）适用于 A、B 两点距离较近（小于 300m）的三角高程测量，此时水准面可近似看成平面，视线则为直线。当距离超过 300m 时，要充分考虑地球曲率以及观测视线受到大气折光的影响。

（3）三角高程测量的观测与计算。三角高程测量的观测与计算应按照以下步骤进行。

1）将仪器安置于测站上，量出仪器高 i；觇标立于测点上，量出觇标高 v。

2）使用经纬仪或测距仪采用测回法观测竖直角 α，取其平均值为最后观测成果。

3）采用对向观测，其方法同前两步。

4）用式（5 – 28）和式（5 – 29）计算出高差和高程。

交通部行业标准《公路勘测规范》JTG C10—2007 中明确规定，电磁波测距三角高程测量可用于四等水准测量。

①边长观测应采用不低于 Ⅱ 级精度的电磁波测距仪往返各测一测回，与此同时，还要测定气温和气压值，并应对所测距离进行气象改正。

②竖直角观测应采用觇牌为照准目标，用 DJ2 级经纬仪按中丝法观测三测回，竖直角测回差和指标差均 $\leqslant 7''$。对向观测高差较差 $\leqslant \pm 40 \sqrt{D}$（mm）（$D$ 为以 km 为单位的水平距离），附合路线或环线闭合差同四等水准测量的要求。

③仪器高和觇牌高应在观测前后各自用经过检验的量杆量测一次，精确读数至 1mm，当较差不大于 2mm 时，并取中数作为最后的结果。

三角高程路线，应组成闭合测量路线或附合测量路线，并尽可能起闭于高一等级的水准点上。若闭合差 f_h 在表 5 - 7 所规定的容许范围之内，则将 f_h 反符号按照与各边边长依照正比例的关系分配到各段高差中，最后根据起始点的高程和改正后的高差，计算出各待求点的高程。

5.3.5　全球定位系统（GPS）测量

GPS 是英文 Navigation Satellite Timing and Ranging/Global Positioning System 的缩写词 NAVSTAR/GPS 的简称。其含义是利用卫星的测时和测距进行导航，以构成全球定位系统，国际上简称为 GPS。它可向全球用户提供连续、实时、全天候、高精度的三维位置、运动物体的三维速度和时间信息。GPS 技术除用于精密导航和军事目的外，还广泛应用于大地测量、工程测量、地球资源调查等广泛领域。在施工测量中近年来用于高层建（构）筑物的台风震荡变形观测取得良好的效果。

1. GPS 的基本组成

GPS 由空间部分、地面控制部分和用户部分三大部分组成，如图 5 - 33 所示。

（1）空间部分。由位于地球上空的 24 颗平均轨道高度为 20200km 的 GPS 卫星网组成，如图 5 - 34 所示。卫星轨道呈近圆形，运动周期为 11h 58min。卫星分布在 6 个不同的轨道面上，轨道面与赤道平面的倾角为 55°，轨道相互间隔为 120°，相邻轨道面邻星相位差为 40°，每条轨道上有 4 颗卫星。卫星网的这种布置格局，保证了地球上任何地点、任

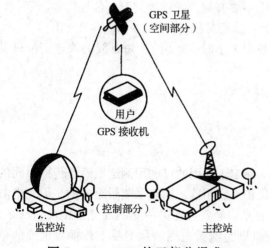

图 5 - 33　GPS 的三部分组成

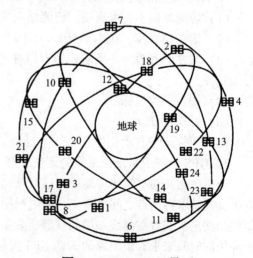

图 5 - 34　GPS 卫星网

何时间能同时观测到 4 颗卫星，最多可观测到 11 颗，这对测量的精度有着重要的作用。卫星上发射三种信号——精密的 P 码、非精密的捕获码 C/A 和导航电文。

（2）地面控制部分。包括一个设在美国的科罗拉多的主控站，负责对地面监控站的全面监控。另外四个监控站分别设在夏威夷、印度洋的迭哥伽西亚、大西洋的阿松森岛和南太平洋的卡瓦加兰，如图 5 – 35 所示。监控站内装有用户接收机、气象传感器、原子钟及数据处理计算机。主控站根据各监测站观测到的数据推算和编制的卫星星历、导航电文、钟差和其他控制指令，通过监控站注入到相应卫星的存储系统。各站间用现代化的通信网络联系起来，各项工作实现了高度的自动化和标准化。

图 5 – 35　GPS 地面控制站的分布

（3）用户部分。是各种型号的接收机，一般由：天线、信号识别与处理装置、微机、操作指示器与数据存储、精密振荡器以及电源六部分组成。接收机的主要功能是接收卫星传播的信号并利用本身的伪随机噪声码取得观测量及包含卫星位置和钟差改正信息的导航电文，然后计算出接收机所在的位置。

2. GPS 定位系统的功能特点

（1）各测站间不要求通视。但测站点的上空要开阔，能接收到卫星信号。

（2）定位精度高。在小于 50km 的基线上，其相对精度可达 $1 \times 10^{-6} \sim 2 \times 10^{-6}$。

（3）观测时间短。一条基线精密相对定位要 1 小时 ~3 小时，短基线的快速定位只需要几分钟。

（4）提供三维坐标。

（5）操作简捷。

（6）可全天候自动化作业。

3. GPS 全球卫星定位系统的定位原理

由于电磁波在空间的传播速度已被精确地测定了，因此可利用测定电磁波传播时间的方法，间接求得两点之间的距离，光电测距仪正是利用这一原理来测量距离的。但光电测距仪是测定由安置在测线一端的仪器所发射的光，经安置在另一端的反光棱镜反射回来，所经历的时间来求算出距离的。而 GPS 接收机则是测量电磁波从卫星上传播到地面的单程时间来计算距离，即前者是往返测，后者是单程测。由于卫星钟和接收机钟不可能精确同步，所以用 GPS 测出的传播时间中含有同步误差，因此算出的距离并不是真实的距离，观测中把含有时间同步误差所计算的距离叫做"伪距"。

为了提高 GPS 的定位精度，有绝对定位和相对定位之分，具体如下：

（1）绝对定位原理。是用一台接收机，将捕获到的卫星信号和导航电文加以解算，求得接收机天线相对于 WGS - 84 坐标系原点（地球质心）绝对坐标的一种定位方法。此原理被广泛用于导航和大地测量中的单点定位。

由于单程测定时间只能测量到伪距，所以必须加以改正。对于卫星的钟差，可以利用导航电文中所给出的有关钟差参数加以修正，而接收机中的钟差一般难以预先确定，所以通常把它作为一个未知参数，与观测站的坐标在数据处理中一起求解。

求算测站点坐标实质上是空间距离的后方交会。在一个观测站上，原则上必须有 3 个独立的观测距离才可以算出测站的坐标，这时观测站应位于以 3 颗卫星为球心，以相应距离为半径的球面与地面交线的交点上。因此，接收机对这 3 颗卫星的点位坐标分量再加上钟差参数，共有 4 个未知数，所以至少需要 4 个同步伪距观测值。换言之，至少要同时观测 4 颗卫星，如图 5 - 36 所示。

在绝对定位中，根据用户接收机天线所处的状态，可分为动态绝对定位和静态绝对定位。当接收机安装在运动载体（如车、船、飞机等）上，求出载体的瞬间位置叫动态绝对定位。若接收机固定在某一地点处于静止状态，通过对 GPS 卫星的观测确定其位置叫静止绝对定位。在公路勘测中，主要是使用静止定位方法。

关于用伪距法定位观测方程的解算均已包含在 GPS 接收设备的软件中，这里不再详细介绍。

（2）相对定位原理。使用一台 GPS 接收机进行绝对定位，由于受到各种因素的影响，其定位精度较低，一般静态绝对定位只能精确到米，动态定位只能精确到 10m ~ 30m。这一精度是远远达不到工程测量的要求。所以相对定位在工程中广泛使用。

相对定位的基本情况，两台 GPS 接收机分别安置在基线的两端同步观测相同的卫星，以确定基线端点在坐标系的相对位置或基线向量，如图 5 - 37 所示。当然，也可以使用多台接收机分别安置在若干条基线的端点上，通过同步观测以确定各条基线的向量数据。相对定位对于中等长度的基线，其精度可达 $10^{-7} \sim 10^{-6}$。相对定位也可按用户接收机在测量过程中所处的状态分静态定位和动态定位两种，见表 5 - 8。

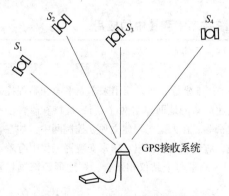

图 5 - 36　绝对定位原理

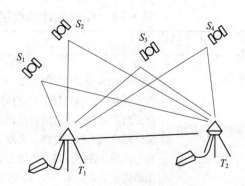

图 5 - 37　静态相对定位

表 5 – 8 相对定位原理

项目	内　　容
静态相对定位	由于接收机固定不动，可以有充分的时间通过反复观测取得多余观测数据，加之多台仪器同时观测，很多具有相关性的误差，利用差分技术都能消去或削弱这些系统误差对观测结果的影响，所以，静态相对定位的精度是很高的，在公路、桥隧控制测量工作中均用此法。在实施过程中，为缩短观测时间，采用一种快速相对定位模式，即用一台接收机固定在参考站上，以确定载波的初始整周待定值，而另一台接收机在其周围的观测站流动，并在每一流动站上静止与参考站上的接收机进行同步观测，以测量流动站与固定站之间的相对位置。这种观测方式可以将每一站上的观测时间由数小时缩短为几分钟，而精度却没有降低
动态相对定位	将一台接收机设置在参考点上不动，另一台接收机安置在运动的载体上，两台接收机同步观测 GPS 卫星，从而确定流动点与参考点之间的相对位置，如下图所示： 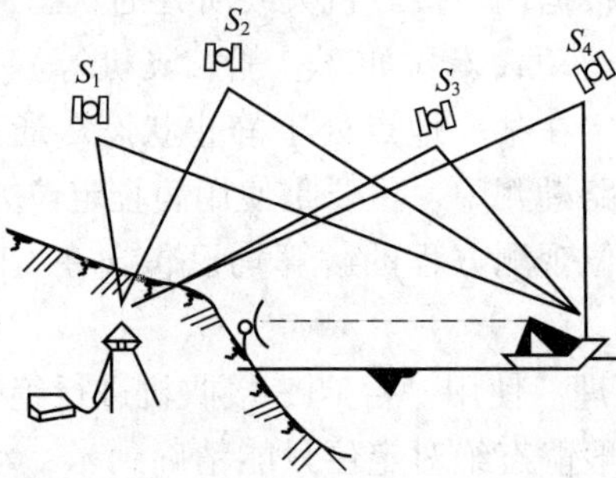 　　动态相对定位的数据处理有两种方式：一种是实时处理，另一种是测后处理。前者的观测数据无须存储，但难以发现粗差，精度较低；后者在基线长度为数公里的情况下，精度为 1cm ~ 2cm，比较常用

4. GPS 全球卫星定位系统在工程测量中的应用

GPS 全球卫星定位系统在工程测量中的应用见表 5 – 9。

表 5 – 9　GPS 全球卫星定位系统在工程测量中的应用

应用	内　　容
在控制测量中	由于 GPS 测量能精密确定 WGS – 84 三维坐标，所以能用来建立平面和高程控制网，在基本控制测量中主要作用是：建立新的地面控制网（点）；检核和改善已有地面网；对现今已有的地面网进行加密等。在大型工程建立独立控制网中，如在大型公用建筑工程、铁路、公路、地铁、隧道、水利枢纽、精密安装等工程中有着重要的作用。在图根控制方面，若把 GPS 测量与全站仪相结合，则地形碎部测量及地籍测量等将会更加省力、经济和有效

续表 5－9

应用	内　　容
在工程 变形监测中	工程变形包括由于气象、位移等外界因素而造成的建筑物变形或地壳的变形。由于 GPS 具有三维定位能力，可成为工程变形监测的重要手段，它可以监测大型建筑物变形、大坝变形、城市地面及资源开发区地面的沉降、滑坡、山崩；还能监测地壳变形，为地震预报提供具体数据
在海洋测绘中	这种应用包括岛屿间的联测、大陆架控制测量、浅滩测量、浮标测量、港口及码头测量，海洋石油钻井平台定位以及海底电缆测量
在交通运输中	GPS 测量应用于空中交通运输中，既可保证安全飞行，又可提高效益。在机动指挥塔上设立 GPS 接收机，并在各飞机上装有 GPS 接收机，采用 GPS 动态相对定位技术，则可为领航员提供飞机的三维坐标，便于飞机的安全飞行和着陆。对于飞机造林、森林火灾、空投救援、人工降雨等，GPS 能很快确定导航精度，发挥导航的作用。在地面交通运输中，如车辆中设有 GPS 接收机，则能监测车辆的位置和运动。由 GPS 接收机和处理机测得的坐标，传输到中心站，显示车辆位置，这为指挥交通、调度铁路车辆及出租汽车等提供方便
在建筑施工中	在上海新建的八万人体育场和北京国家大剧院定位检测中均使用了 GPS 定位

5.4　民用建筑施工测量

5.4.1　施工测量前准备工作

　　民用建筑施工测量前的准备工作有现场踏勘施工场地整理、熟悉图样、制订测设方案以及仪器与工具的校核等。

1. 熟悉图样

　　设计图样是施工测量的依据，主要包括：建筑平面图、建筑总平面图、基础详图、基础平面图、立面图和剖面图。

　　（1）建筑总平面图：建筑总平面图是施工放样的总体依据，建筑物就是按照总平面图所给的尺寸关系进行定位的，如图 5－38 所示。

　　（2）建筑平面图：平面图给出建筑物各定位轴线间的尺寸关系以及室内地坪标高等，如图 5－39 所示。

　　（3）基础平面图：基础平面图给出基础边线和定位轴线的平面尺寸和编号，如图 5－40 所示。

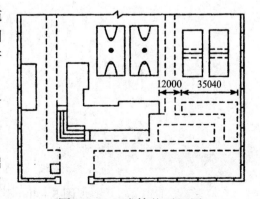

图 5－38　建筑总平面图

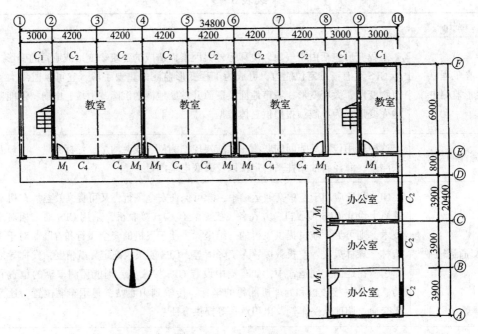

图 5 – 39　建筑平面图

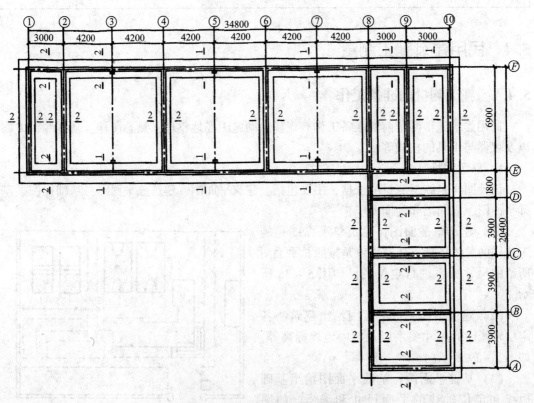

图 5 – 40　建筑基础平面图

（4）基础详图：基础详图给出基础的立面尺寸、设计标高，以及基础边线与定位轴线的尺寸关系，也是基础施工放样的依据，如图 5 - 41 所示。

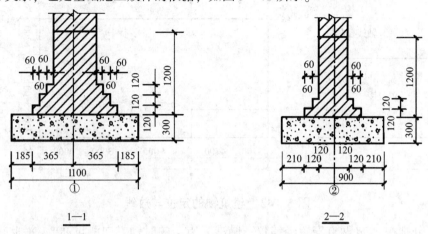

图 5 - 41 建筑基础详图

（5）立面图和剖面图：在建筑物的立面图和剖面图中，可以查出地坪、基础、楼板、门窗、屋面等设计高程，也是高程测设的主要依据。

在熟悉上述主要图样的基础上，还要认真核对各种图样总尺寸与各部分尺寸之间的关系是否正确，避免出现差错。

2. 现场踏勘

现场踏勘的目的是为了掌握现场的地物、地貌和原有测量控制点的分布情况，对测量控制点的点位和已知数据进行认真检查和复核，为施工测量获得正确的测量起始数据和点位。

3. 制定测设方案

按照设计要求、定位条件、现场地形和施工方案等因素，制订测设方案，包括测设数据、测设方法计算和绘制测设略图。

4. 仪器和工具

对测设所使用的仪器和工具进行检核。

5. 建筑物定位

建筑物的定位，就是把建筑物外廓线各轴线交点（简称角桩，如图 5 - 42 所示的 M、N、P 和 Q）测设在地面上，再根据这些点进行细部放样。测设时如现场已有建筑方格网或建筑基线时，可直接采用直角坐标法进行定位。

由于定位条件不同，定位方法也不同，按照已有建筑物测设拟建建筑物的定位方法如下：

（1）如图 5 - 42 所示，用钢尺沿宿舍楼的东、西墙，延长出一小段距离 i 得 a、b 两点，做出标志。

（2）在 a 点安置经纬仪，瞄准 b 点，并从 b 沿 ab 方向量取 14.240m（因为综合楼的外墙厚 370mm，轴线偏里，离外墙皮 240mm），定出 c 点，做出标志，再继续沿 ab 方向从 c 点起量取 25.800m，定出 d 点，做出标志，cd 线就是测设综合楼平面位置的建筑基线。

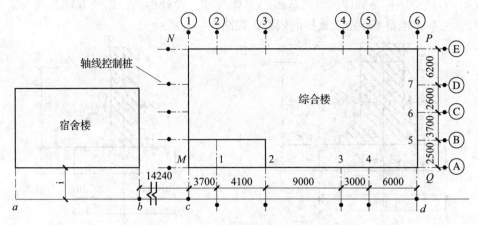

图 5-42　建筑物的定位与放线

（3）分别在 c、d 两点安置经纬仪，瞄准 a 点，顺时针方向测设 90°，沿此视线方向量取 1+0.240m，定出 M、Q 两点，做出标志，再继续量取 15.000m，定出 N、P 两点，做出标志。M、N、P、Q 四点即为综合楼外廓定位轴线的交点。

（4）检查 NP 的距离是否等于 25.800m，$\angle N$ 和 $\angle P$ 是否等于 90°，其误差应在允许范围内。

如果施工场地已有建筑方格网或建筑基线时，可直接采用直角坐标法进行定位。建筑物的定位如图 5-43 所示。

6. 建筑物放线

建筑物的放线，是指根据已定位的外墙轴线交点桩（角桩）详细测设出建筑物各轴线的交点桩（或称中心桩），然后按照交点桩用白灰撒出基槽开挖边界线。施工时为了能方便地恢复各轴线的位置，通常是把轴线延长到安全地点，并作好标志。

（1）设置轴线控制桩：轴线控制桩一般设置在基槽外 2m~4m 处，打下木桩，桩顶钉上小钉，准确标出轴线位置，并且用混凝土包裹木桩，如图 5-44 所示。如附近有建筑物，亦可把轴线投测到建筑物上，用红漆做出标志，以代替轴线控制桩。

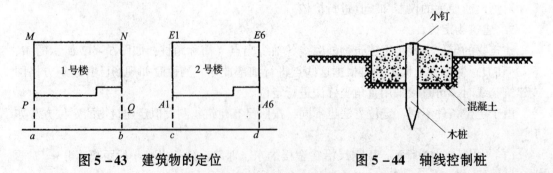

图 5-43　建筑物的定位　　　　　　图 5-44　轴线控制桩

（2）设置龙门板：在小型民用建筑施工中，通常将各轴线引测到基槽外的水平木板上。水平木板称为龙门板，固定龙门板的木桩称为龙门桩，如图 5-45 所示。设置龙门板的步骤如下：

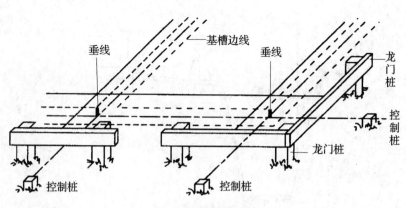

图 5 - 45　龙门板

1）在建筑物四角和隔墙两端基槽开挖边线以外的 1.0m ~ 1.5m 处（具体根据土质情况和挖槽深度确定）钉设龙门桩，龙门桩要钉得竖直、牢固，其侧面应平行于基槽。

2）按照建筑场地的水准点，用水准测量的方法在龙门桩上测设出建筑物的 ±0.000 标高线，其误差应不超过 ±5mm。

3）将龙门板钉在龙门桩上，使龙门板顶面对齐龙门桩上的 ±0.000 标高线。

4）分别在轴线桩上安置经纬仪，将墙、柱轴线投测到龙门板顶面上，并钉上小钉作为标志。投点误差应不超过 ±5mm。

5）用钢尺沿龙门板顶面检查轴线钉的间距，应符合要求。以龙门板上的轴线钉为准，将墙宽线画在龙门板上。

采用挖掘机开挖基槽时，为了不妨碍挖掘机工作，通常只测设控制桩，不设置龙门桩和龙门板。

5.4.2　基础工程施工测量

当完成建筑物轴线的定位和放线后，便可按基础平面图上的设计尺寸，利用龙门板上所标示的基槽宽度，在地面上撒出白灰线，由施工者进行基础开挖并实施基础测量工作。

1. 基槽与基坑抄平

基槽开挖到接近基底设计标高时，为了控制开挖深度，可用水准仪根据地面上 ±0.000 标志点（或龙门板）在基槽壁上测设一些比槽底设计高程高 0.3m ~ 0.5m 的水平小木桩，如图 5 - 45 所示，作为控制挖槽深度、修平槽底和打基础垫层的依据。通常应在各槽壁拐角处、深度变化处和基槽壁上每间隔 3m ~ 4m 测设水平桩。

如图 5 - 46 所示，槽底设计标高为 - 1.700m，现要求测设出比槽底设计标高高 0.500m 的水平桩，首先安置好水准仪，立水准尺于龙门板顶面（或 ±0.000 的标志桩上），读取后视读数 a 为 0.546m，则可求得测设水平桩的前视读数 b 为 1.746m。然后将尺立于基槽壁并上下移动，直至水准仪视线读数为 1.746m 时，即可沿尺底部在基槽壁上打小木桩，同法施测其他水平桩，完成基槽抄平工作。水平桩测设的允许误差为 ±10mm。清槽后，即可按照水平桩在槽底测设出顶面高程恰为垫层设计标高的木桩，用以控制垫层的施工高度。

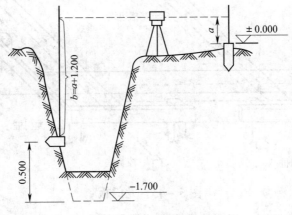

图 5 – 46 基槽抄平

所挖基槽呈深基坑状的叫基坑。如果基坑过深，用一般方法不能直接测定坑底位置时，可用悬挂的钢尺代替水准尺，用两次传递的方法来测设基坑设计标高，以监控基坑抄平。

2. 基础垫层上墙体中线的测设

基础垫层打好后，可以根据龙门板上的轴线钉或轴线控制桩，用经纬仪或拉绳挂垂球的方法，把轴线投测到垫层上，如图 5 – 47 所示。然后用墨线弹出墙中心线和基础边线（俗称撂底），以作为砌筑基础的依据。最终，应严格校核后方可进行基础的砌筑施工。

3. 基础标高的控制

房屋基础墙（±0.000 以下部分）的高度是用皮数杆来控制的。基础皮数杆是一根木（或铝合金）制的直杆，如图 5 – 48 所示，事先在杆上按照设计尺寸，将砖、灰缝厚度画出线条，并标明 ±0.000 和防潮层等的位置。设立皮数杆时，先在立杆处打木桩，并且在木桩侧面定出一条高于垫层标高某一数值的水平线，然后将皮数杆上高度与其相同的水平线与其对齐，且将皮数杆与木桩钉在一起，作为基础墙高度施工的依据。

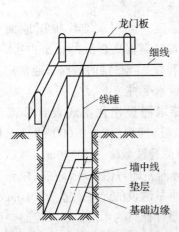

图 5 – 47　基础垫层轴线投测

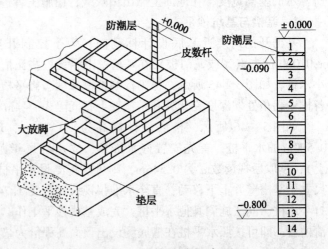

图 5 – 48　基础墙标高测设

基础施工完后，应检查基础面的标高是否符合设计要求（也可检查防潮层），一般用水准仪测出基础面上若干点的高程与设计高程相比较，允许误差为 ±10mm。

5.4.3　墙体施工测量

1. 墙体定位

在基础工程结束后，应对龙门板（或控制桩）进行复核，防止移位。复核无误后，可利用龙门板或控制桩将轴线测设到基础或防潮层等部位的侧面，如图 5-49 所示，作为向上投测轴线的依据。同时也把门、窗和其他洞口的边线在外墙立面上画出。放线时先将各主要墙的轴线弹出，经过检查无误后，再将其余轴线全部弹出。

2. 墙体皮数杆的设置

在墙体砌筑施工中，墙身各部位的标高和砖缝水平及墙面平整是用皮数杆来控制和传递的。

图 5-49　墙体定位

皮数杆是按照建筑剖面图画出每皮砖和灰缝的厚度，并注明墙体上窗台、门窗洞口、过梁、雨篷、圈梁、楼板等构件高程位置专用木杆，如图 5-50 所示。在墙体施工中，用皮数杆可以确保墙身各部位构件的位置准确，每皮砖灰缝厚度均匀，每皮砖都处在同一水平面上。

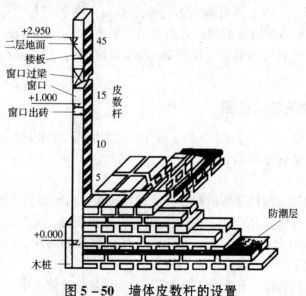

图 5-50　墙体皮数杆的设置

皮数杆一般立在建筑物的拐角和隔墙处（图5-50）。立皮数杆时，先在立杆地面上打一木桩，用水准仪在其上测画出 ±0.000 标高位置线，测量容许误差为 ±3mm；然后，把皮数杆上的 ±0.000 线与木桩上的 ±0.000 线对齐，并钉牢。为了确保皮数杆稳定，可在其上加钉两根斜撑，前后要用水准仪进行检查，并用垂球线来校正皮数杆的竖直。砌砖时在相邻两杆上每皮灰缝底线处拉通线，用以控制砌砖。

为方便施工，采用里脚手架时，皮数杆立在墙外边；采用外脚手架时，皮数杆立在墙里边。如系框架结构或钢筋混凝土柱间墙结构时，每层皮数可直接画在构件上，而不立皮数杆。

3. 墙体各部位标高控制

当墙体砌筑到 1.2m，即一步架高台，用水准仪测设出高出室内地坪线 +0.500mm 的标高线，该标高线用来控制层高及设置门、窗、过梁高度的依据；也是控制室内装饰施工时做墙裙、地面标高、踢脚线、窗台等装饰标高的依据。在楼板板底标高下 10cm 处弹墨线，根据墨线把板底安装用的找平层抹平，以确保吊装楼板时板面平整及地面抹面施工。在抹好找平层的墙顶面上弹出墙的中心线及楼板安装的位置线，并用钢尺检查合乎要求后吊装楼板。

楼板安装完毕后，用垂球将底层轴线引测到二层楼面上，作为二层楼的墙体轴线。对于二层以上各层同样将皮数杆移到楼层，使杆上 ±0.000 标高线正对楼面标高处，即可进行二层以上墙体的砌筑。在墙身砌到 1.2m 时，用水准仪测设出该层的"+0.500mm"标高线。

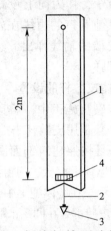

图 5-51 托线板检测墙体垂直度

1—垂球线板；2—垂球线；
3—垂球；4—毫米刻度尺

内墙面的垂直度可用如图 5-51 所示的 2m 托线板检测，将托线板的侧面紧靠墙面，看板上的垂线是否与板的墨线一致。每层偏差不得超过 5mm，同时，应用钢角尺检测墙壁阴角是否为直角。阴角及阳角线是否为一直线和垂直度也用 2m 托线板检测。

5.4.4 建筑物的轴线投测

在多层建筑墙身砌筑过程中，为了确保建筑物轴线位置正确，可用吊锤球或经纬仪将轴线投测到各层楼板边缘或柱顶上。

1. 吊锤球法

（1）首先将较重的锤球悬吊在楼板或柱顶边缘，当锤球尖对准基础墙面上的轴线标志时，线在楼板或柱顶边缘的位置即是楼层轴线端点位置，画出标志线。

（2）各轴线的端点投测完后，用钢尺检核各轴线的间距，符合要求后，继续施工，同时轴线逐层自下向上传递。

吊锤球法简便易行，不受施工场地限制，通常能保证施工质量。但是当有风或建筑物较高时，投测误差较大，应采用经纬仪投测法。

2. 经纬仪投测法

（1）如图 5-52 所示，在轴线控制桩上安置经纬仪，严格整平。

（2）瞄准基础墙面上的轴线标志，用盘左、盘右分中投点法，将轴线投测到楼层边缘或柱顶上。

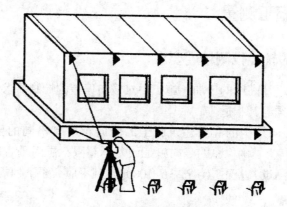

图 5 - 52　经纬仪投测法

（3）将所有端点投测到楼板上之后，用钢尺检核其间距，相对误差不得大于 1/2000。检查合格后，方能在楼板分间弹线，继续施工。

5.4.5　复杂民用建筑物的施工测量

近年来，随着旅游建筑、公共建筑的发展，在施工测量中经常遇到各种平面图形比较复杂的建筑物和构筑物，如椭圆形、圆弧形、双曲线形和抛物线形等。测设这样的建筑物，要按照平面曲线的数学方程式，根据曲线变化的规律，进行适当的计算，求出测设数据。然后按建筑设计总平面图的要求，利用施工现场的测量控制点和一定的测量方法，先测设出建筑物的主要轴线，按照主要轴线再进行细部测设。测设椭圆的方法有如下三种。

（1）直线拉线法：直接拉线椭圆放样如图 5 - 53 所示。

（2）四心圆法：先在图样上求出四个圆心的位置和半径值，再到实地去测设。实地测设时，椭圆可当成四段圆弧进行测设。

（3）坐标计算法：通过椭圆中心建立直角坐标系，椭圆的长、短轴即为该坐标系的 x、y 轴。直角坐标椭圆放样如图 5 - 54 所示。

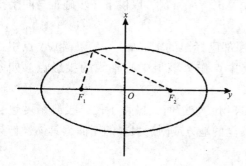

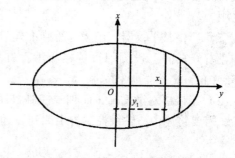

图 5 - 53　直接拉线椭圆放样　　　　图 5 - 54　直角坐标椭圆放样

5.5 高层建筑施工测量

5.5.1 高层建筑的轴线投测精度要求

随着高层建筑物设计高度的增加，施工中对竖向偏差的控制要求就越高，轴线竖向投测的精度和方法也必须与其相适应。

有关规范对于不同结构的高层建筑施工的竖向精度有不同的要求，详见表 5 – 10 （H 为建筑总高度）。为了确保总的竖向施工误差不超限，层间垂直度测量偏差不应超过 3mm，建筑全高垂直测量偏差不应超过 $3H/10000$，且不应大于下列规定：

30m $< H \leqslant$ 60m 时，±10mm。

60m $< H \leqslant$ 90m 时，±15mm。

$H >$ 90m 时，±20mm。

表 5 – 10　高层建筑竖向及标高施工偏差限差（mm）

结构类别	竖向施工偏差限差		标高偏差限差	
	每层	全　高	每层	全　高
现浇混凝土	8	$H/1000$（最大 30）	±10	±30
装配式框架	5	$H/1000$（最大 20）	±5	±30
大模板施工	5	$H/1000$（最大 30）	±10	±30
滑模施工	5	$H/1000$（最大 50）	±10	±30

5.5.2 外控法竖向投测

外控法竖向投测法也叫"经纬仪引桩投测法"，操作方法为：

（1）将经纬仪安置在轴线控制桩 A_1、A_1'、B_1 和 B_1' 上，把建筑物主轴线精确地投测到建筑物的底部，并设立标志，如图 5 – 55 中的 a_1、a_1'、b_1 和 b_1'，以供下一步施工与向上投测之用。

（2）严格整平仪器，用望远镜瞄准建筑物底部已标出的轴线 a_1、a_1'、b_1 和 b_1' 点用盘左和盘右分别向上投测到每层楼板上，并取其中点作为该层中心轴线的投影点，如图 5 – 55 中的 a_2、a_2'、b_2 和 b_2'。

（3）当楼层逐渐增高，而轴线控制桩距建筑物又较近时，操作不便，投测精度也会降低，需要将原中心轴线控制桩引测到更远更安全的地方或附近大楼的屋面，具体操作如下：

1）将经纬仪安置在已经投测上去的较高层（如第十层）楼面轴线 $a_{10}a_{10}'$ 上，如图 5 – 56 所示。

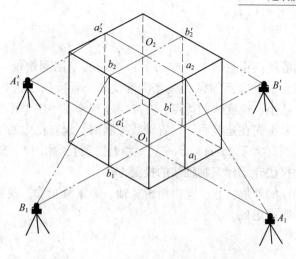

图 5 - 55　经纬仪投测中心轴线图

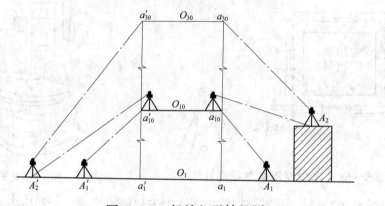

图 5 - 56　经纬仪引桩投测

2）瞄准地面上原有的轴线控制桩 A_1 和 A_1' 点，用盘左、盘右分中投点法，将轴线延长到远处 A_2 和 A_2' 点，并用标志固定其位置，A_2、A_2' 即为新投测的 A_1、A_1' 轴控制桩。

3）更高层的中心轴线，可将经纬仪安置在新的引桩上，依据上述方法继续测设。

5.5.3　内控法投测

（1）吊线坠法投测如图 5 - 57 所示，事先在基层地面上埋设轴线点的固定标志，轴线点之间应构成矩形或十字形等，作为整个高层建筑的轴线控制网。

（2）投测时，在施工层楼面上的预留孔上安置挂有吊线坠的十字架，慢慢移动十字架，当吊锤尖静止地对准地面固定标志时，十字架的中心就是应投测的点，在预留孔四周作上标志即可，标志连线交点便是从首层投上来的轴线点，同理测设其他轴线点。

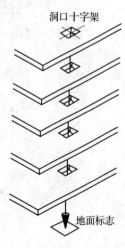

图 5 - 57　吊线坠法投测

5.5.4 垂准仪法

垂准仪法是利用能提供铅直向上（或向下）视线的专用测量仪器进行竖向投测。常用的仪器有激光经纬仪、垂准经纬仪和激光垂准仪等。垂准仪法进行高层建筑的轴线投测，具有精度高、占地小、速度快的优点，在高层建筑施工中用得越来越多。

垂准仪法同样需要事先在建筑底层设置轴线控制网，建立稳固的轴线标志，在标志上方每层楼板都预留孔洞（大于 15cm × 15cm），供视线通过，如图 5 - 58 所示。

这里以激光铅垂仪法介绍建筑物轴线的投测方法。

图 5 - 59 为铅垂仪的外形，它主要由精密竖轴、氦氖激光管、发射望远镜、基座、水准器、激光电源及接收屏组成。

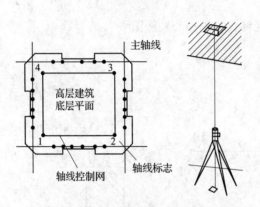

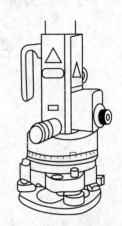

图 5 - 58　轴线控制桩与投测孔图　　　**图 5 - 59　激光铅垂仪**

（1）如图 5 - 60 所示，在首层轴线控制点上安置激光铅垂仪，利用激光器底端（全反射棱镜端）所发射的激光束进行对中，通过调节基座整平螺旋，使水准器气泡严格居中。

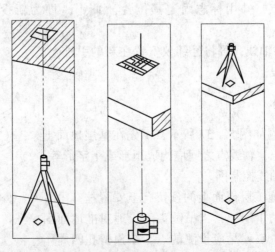

图 5 - 60　激光铅垂仪投测

（2）再在上层施工楼面预留孔处旋转接受靶。

（3）接通激光电源，启动激光器发射铅直激光束，通过发射望远镜调焦，使激光束会聚成红色耀目光斑，投射到接受靶上。

（4）移动接受靶，使靶心与红色光斑重合，固定接受靶，并且在预留孔四周做出标记，此时，靶心位置即为轴线控制点在该楼面上的投测点。

5.5.5　高层建筑物的高程传递

多层或高层建筑施工中，要由下层楼面向上层传递高程，以使上层楼板、门窗口、室内装修等工程的标高符合设计要求。楼面标高误差不得超过 ±10mm。传递高程的方法有下列几种：

1. 利用皮数杆传递高程

在皮数杆上自 ±0.000m 标高线起，楼板、门窗口、过梁等构件的标高都已标明。一层楼面砌好后，则从一层皮数杆起一层一层往上接，就可以把标高传递到各楼层。在接杆时要检查下层杆位置是否正确。

2. 利用钢尺直接丈量

在标高精度要求较高时，可用钢尺沿某一墙角自 ±0.000m 标高起向上直接丈量，把高程传递上去。然后根据下面传递上来的高程立皮数杆，作为该层墙身砌筑和安装门窗、过梁及室内装修、地坪抹灰时控制标高的依据。

3. 悬吊钢尺法（水准仪高程传递法）

根据多层或高层建筑物的具体情况也可用钢尺代替水准尺，用水准仪读数，从下向上传递高程。如图 5-61 所示，由地面上已知高程点 A，向建筑物楼面 B 传递高程，先从楼面上（或楼梯间）悬挂一支钢尺，钢尺下端悬一重锤。在观测时，为了使钢尺比较稳定，可将重锤浸于一盛满油的容器中。然后在地面及楼面上各安置一台水准仪，按水准测量方法同时读得 a_1、b_1 和 a_2、b_2，则楼面上 B 点的高程 H_B 为：

$$H_B = H_A + a_1 - b_1 + a_2 - b_2 \qquad (5-30)$$

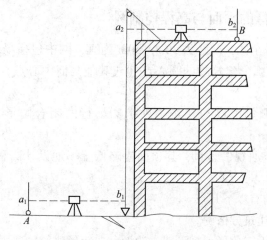

图 5-61　水准仪高程传递

4. 全站仪天顶测距法

如图 5−62 所示，利用高层建筑中的垂准孔（或电梯井等），在底层控制点上安置全站仪，置平望远镜（屏幕显示垂直角为 0° 或天顶距为 90°），然后将望远镜指向天顶（天顶距为 0° 或垂直角为 90°），在需要传递高层的层面垂准孔上安置反射棱镜，即可测得仪器横轴至棱镜横轴的垂直距离，加仪器高，减棱镜常数（棱镜面至棱镜横轴的高度），就可以算得高差。

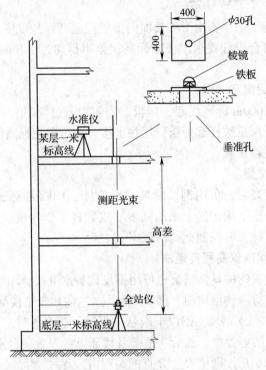

图 5−62　全站仪天顶测距法传递高程

5.5.6　建立拟建小区的平面与高程控制网

（1）控制网应均布全区，间距为 30m～50m 为宜，网中包括场地定位依据的起始边、建筑物交点、主轴线、弧形建筑物的圆心点（或其他几何中心点）和直接方向（或切线方向）。

（2）便于使用要测量组成与建筑物外扩廓平行的闭合图形，以便于控制网的闭合。

（3）控制桩之间应通视、易量，其顶面应略低于场地设计高程，桩低于冰冻层，以便长期保留。

（4）网形。常用的有以下几点：

1）矩形网，也叫建筑方格网。

2）多边形网，对于三角形、梯形或六边形、非矩形建筑物适用。

3）多轴线网，与建筑物轴线平行或垂直 "十" 字形、"井" 字形。

（5）高层建筑的基础施工过程中的测量工作。

1）根据所建立的平面和高程控制网，结合基础平面图和施工方案，确定土方开挖上口灰线，采用极坐标或直角坐标方法计算出所测量数据进行现场放样，在土方开挖过程中，要严格控制槽底标高。

2）大型基础采用机械开挖，要预留人工清槽厚度，一般不少于200mm，以防扰动地基。

3）如果基础较深要用水准仪向槽底引测2个~3个标高控制桩。

4）测量人员要注意开挖边坡、地下管线等，以防塌方和挖断市政管线。

5）土方开挖后，要把控制线投测下去，检查槽底平面尺寸，放出电梯基坑、集水坑等位置线。要考虑到外墙的施工作业面。

6）在进行人工清槽时，用小木桩在槽底抄测3m×3m的方格网，拉小白线进行清槽。

7）经勘察、设计、甲方、监理、质检验槽合格后，方可进行下道工序施工。

（6）在主体施工过程中的测量控制。

1）建筑物施工到±0.000时，把控制线投测到地下室顶板上，根据标准层的结构改作内控点。

2）内控点的划分依据是施工流水段、施工方案、施工图纸。

3）每个流水段应设成规则的闭合图形的内控点。（工地上使用最多的是矩形）

4）随着楼层的不断升高，每层主控线应由首层控制点用铅垂仪或线坠投测到作业面，用测角与量边检查投测到作业层的闭合图形。

5）以检查闭合后的主控线，作为各层作业面的放线依据，根据图纸及设计变更放出墙边线、墙体控制线、门窗洞口线。如图5–63所示。

图5–63　主控线与墙体控制线

6）随着工程进度在每层的外墙弹出外墙大角控制线、门窗洞口中线，如图5–64所示。

7）每层墙体模板拆除后及时弹出建筑标高线50线或1m线，以控制顶板的标高，如图5–65所示。

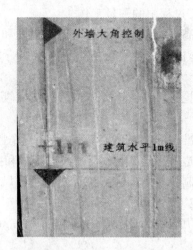

图 5 – 64　建筑施工水平 1m 线外墙大角控制线

图 5 – 65　采用水平管抄测 1m 水平线

6 导线测量和竣工测量

6.1 导线测量

6.1.1 导线测量的概述

导线测量是建立小区域平面控制网的常用方法之一。在测区范围内选择若干个控制点，依相邻次序连接各控制点而形成的连续折线，称为导线；构成导线的控制点，称为导线点。测量导线边长及相邻导线边之间的水平夹角（转折角），再根据起算边方位角和起点坐标推算各导线点平面坐标的工作称为导线测量。其中，用经纬仪观测转折角，用钢尺丈量导线边长的导线测量，称为经纬仪导线测量；若用电磁波测距仪测定导线边长，则称为经纬仪电磁波测距导线；当用普通视距测量的方法测定导线边长时，则称为经纬仪视距导线。

导线测量布设较灵活，精度均匀，边长便于测定，容易克服地形障碍，只要求两相邻导线点间通视即可，故可降低觇标高度，造标费用少且便于组织观测。导线测量适宜布设在建筑物密集、视野不甚开阔的地区；也适于用做狭长地带的控制测量。但是，导线结构简单，没有三角网那样多的检核条件，不易发现粗差，可靠性不高。随着电磁波测距仪和全站仪的普及，测距更加方便，测量精度和自动化程度均得到很大提高，从而使导线测量的应用日益广泛，已成为中、小城市等地区建立平面控制网的主要方法。

根据测区自然地形条件、已知点的分布情况以及测量工作的实际需要，通常可将导线布设成以下三种形式。

1. 闭合导线

由某一已知高级控制点出发，经过若干点的连续折线后仍回至起点，形成一个闭合多边形的导线，称为闭合导线。如图 6 – 1 所示，从控制点 P_1 出发，经导线点 P_2、P_3、P_4、P_5、P_6、P_7，再回到 P_1 点形成一个闭合多边形。闭合导线布点时应尽量与高级控制点相连接，如图 6 – 1 中 P_1、A 两个点为已知点，这样根据它们求算出的坐标便纳入到国家统一的坐标系统内，其本身存在着严密的几何条件，具有检核作用。如果确实无法与高级控制网连接，也可采用假定的独立坐标系统。闭合导线一般适合在面积较宽阔的独立块状地区布设。

2. 附合导线

自某一已知高级控制点出发，经过若干点的连续折线后，附合到另一个已知高级控制点上的导线，称为附合导线。如图 6 – 2 所示，从一个已知控制点 P_1 出发，经导线点 P_2、P_3、P_4 点后，附合到了另一个已知控制点 P_5 上。导线的这种布设形式，具有检核观测成果的作用，适用于带状测区布设，如道路、管道、渠道等的勘测工作。

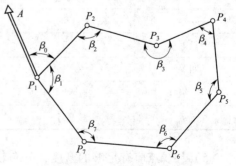

图 6 – 1 闭合导线

3. 支导线

从一个已知控制点出发，经过若干转折后，既不附合到另一已知控制点，也不闭合到原起点的单一导线称为支导线。如图 6 - 3 所示，从已知控制点 P_1 出发，经过 P_2，终止于未知点 P_3。由于支导线缺乏校核条件，不易发现测算中的错误，所以当导线点的数目不能满足测图需要时，一般只允许布设 2 个 ~ 3 个点组成支导线，仅适用于局部图根控制点的加密。

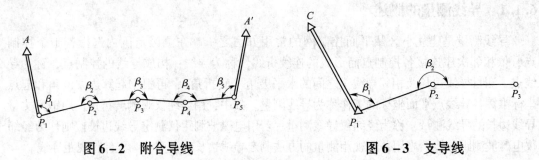

图 6 - 2　附合导线　　　　　　　　　图 6 - 3　支导线

6.1.2　导线测量的外业工作

1. 踏勘选点及建立标志

在踏勘选点前，应调查收集测区已有的地形图和高一级控制点的成果资料，然后到现场踏勘，了解测区现状和寻找已知点。根据已知控制点的分布、测区地形条件和测图及工程要求等具体情况，在测区原有地形图上拟定导线的布设方案，最后到实地去踏勘、校对、修改、落实点位和建立标志。

选点时应注意以下几点：

（1）邻点之间通视良好，便于测角和量距。

（2）点位应选在土质坚实、便于安置仪器和保存标志的地方。

（3）视野开阔，便于施测碎部。

（4）导线各边的长度应大致相等，除特殊情况外，应不大于 350m，也不宜小于 50m，平均边长见表 6 - 1。

表 6 - 1　边角网的主要技术指标（km）

等　　级	平均边长	测距中误差	测距相对中误差
二等	9	≤ ±30	≤1/30 万
三等	5	≤ ±30	≤1/16 万
四等	2	≤ ±16	≤1/12 万
一级	1	≤ ±16	≤1/6 万
二级	0.5	≤ ±16	≤1/3 万

（5）导线点应有足够的密度，分布较均匀，便于控制整个测区。导线点选定后，应在点位上埋设标志。

2. 量边

导线量边一般用钢尺或高精卷尺直接丈量，如有条件，最好用光电测距仪直接测量。

钢尺量距时，应用检定过的 30m 或 50m 钢尺。对于一、二、三级导线，应按钢尺量距的精密方法进行丈量。对于图根导线，用一般方法往返丈量或同一方向丈量两次，取其平均值。丈量结果要满足相关要求。

3. 测角

测角方法主要采用测回法，各个角的观测次数与导线等级、使用的仪器有关。对于图根导线，通常用 DJ$_6$ 级光学经纬仪观测一个测回。若盘左、盘右测得的角值的较差不超过 40″，取其平均值。

导线测量可测左角（位于导线前进方向左侧的角）或右角，在闭合导线中必须测量内角，如图 6-4 所示，（a）图应观测右角，（b）图应观测左角。

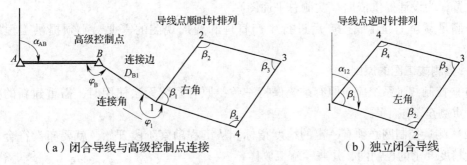

图 6-4　闭合导线

4. 连测

若测区中有导线边与高级控制点连接时，应观测连接角。如图 6-4（a）所示，必须观测连接角 φ_B、φ_1 及连接边 D_{B1}，作为传递坐标方位角和坐标之用。如果附近没有高级控制点，应用罗盘仪施测导线起始边的磁方位角或用建筑物南北轴线作为定向的标准方向，并假定起始点的坐标作为起算数据。

6.1.3　导线测量的内业计算

导线测量的内业工作，就是根据已知的起算数据和外业观测成果，经过计算求得各导线点的平面直角坐标 (x, y)，作为地形测量的基础。导线计算之前，应先全面检查外业测量记录是否齐全、有无记错或算错、成果是否符合精度要求、起算数据是否准确等。当确认外业数据信息无误后，绘制导线略图，将各导线点的编号、转折角的角值、导线边的边长、起始边与高级控制网的连接角、连接边或起始边的方位角等数据标于导线略图上，如图 6-5 所示。

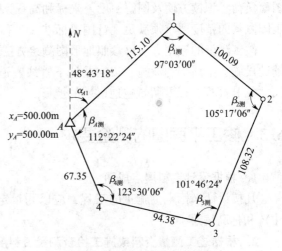

图 6-5　闭合导线略图

6.2　竣工测量

工程竣工测量是真实反映施工后建（构）筑物实际位置的最终表现，也是后续阶段设计和管理的重要依据，特别是地下管线因其具有特殊性，如在施工过程中不及时测定其准确位置，将为今后的测量、管理带来困难和损失。

1. 竣工测量的主要任务

（1）在新建或扩建工程时，为了检验设计的正确性，阐明工程竣工的最终成果，作为竣工后的技术资料，必须提交出竣工图。如为阶段施工，则每一阶段工程竣工后，应测制阶段工程竣工图，以便作为下一阶段工程设计的依据。

（2）旧工程扩建和改建原有工程时，必须取得原有工程实际建（构）筑物的平面及高程位置，为设计提供依据（实测总平面图）。

为满足新建工程建成投产后进行生产管理和变形观测的需要，必须提供工程竣工图。

2. 施测竣工图的原则

（1）控制测量系统应与原有系统保持一致；原有系统无法使用时，需重建新的控制系统，重测全部竣工图。

（2）测量控制网必须有一定的精度指标。从工程勘察阶段开始，就要布设符合竣工图测量精度要求的控制网，并兼顾施工放样。

（3）充分利用已有的测量和设计的资料，按需施测、适当取舍。

3. 竣工图的内容（以工业厂区竣工图为例）

工业厂区竣工图一般包括厂区现状图、辅助图、剖面图、专业分图、技术总结报告和成果表。

4. 施测竣工图的要求和方法

竣工图图幅一般为 $50cm \times 50cm$。比例尺一般与设计总平面图比例尺一致，必须考虑图面负荷、识读方便及图解精度。坐标和高程系统尽量保持原控制系统，必要时重建。竣工图测量的精度要求须满足现行国家标准《工程测量规范》GB 50026—2007 的规定。

竣工测量的施测方法可参照地形图测绘方法，测量内容主要应包括测量控制点、厂房辅助设施、生活福利设施、架空及地下管线、道路的转向点等建（构）筑物的坐标（或尺寸）和高程，以及留置空地区域的地形。

6.3　竣工平面图的测绘要求

1. 根据设计资料展点成图

凡按设计坐标定位施工的工程，应以测量定位资料为依据，按设计坐标（或相对尺寸）和标高编绘。

2. 根据竣工测量资料或施工检查测量资料展点成图

在工业与民用建筑施工过程中，在每一个单位工程完成以后，应进行竣工测量，并提出该工程的竣工测量成果。

3. 展绘竣工位置时的要求

根据上述资料编绘成图时,对于厂房应使用黑色墨线绘出该工程的竣工位置,并应在图上注明工程名称、坐标和标高及有关说明。对于各种地上、地下管线,应用各种不同颜色的墨线绘出其中心位置,注明转折点及井位的坐标、高程及有关注明。

7 建筑物变形观测

7.1 建筑物沉降观测

1. 沉降观测的时间和次数

沉降观测的时间和次数，要根据工程性质、工程进度、地基土质情况及基础荷重增加情况等决定。在施工期间沉降观测次数：

（1）较大荷重增加前后（例如基础浇灌、回填土、安装柱子、房架、砖墙每砌筑一层楼、设备安装、设备运转、工业炉砌筑期间、烟囱每增加 15m 左右等），要进行观测。

（2）若是施工期间中途停工时间较长，均要在停工时和复工前进行观测。

（3）当基础附近地面荷重突然增加，周围出现大量积水及暴雨过后，或周围大量挖方等，均应观测。

工程投产后的沉降观测时间：

工程在投入生产之后，应连续进行观测，观测时间的间隔，可按沉降量大小以及沉降速度而定，在开始时间隔较短，以后随着沉降速度的减慢，可逐渐延长，直至沉降完全稳定为止。

2. 沉降观测工作的要求

沉降观测是一项较为长期的系统观测工作，为了保证观测成果的正确性，尽量做到下述四点：

（1）固定人员观测和整理成果。

（2）固定使用的水准仪及水准尺。

（3）使用固定的水准点。

（4）按规定的日期、方法及路线进行观测。

3. 对使用仪器的要求

对于一般精度要求的沉降观测，要求仪器的望远镜放大率不应小于 24 倍，气泡灵敏度不应大于 15″/2mm（有符合水准器的可放宽一倍）。可以采用适合四等水准测量的水准仪。但对于精度要求较高的沉降观测，应采用相当于 N_2 或 N_3 级的精密水准仪。

4. 确定沉降观测的路线并绘制观测路线图

在进行沉降观测时，因施工或生产而引发的影响，造成通视困难，往往为寻找设置仪器的适当位置而耗费时间。因此对观测点较多的建筑物、构筑物进行沉降观测前，应到现场进行规划，确定安置仪器的位置，选定若干较稳定的沉降观测点或其他固定点作为临时水准点（转点），同时与永久水准点组成环路。

最后，应根据所选的临时水准点、设置仪器的位置以及观测路线，绘制沉降观测路线图（图 7-1），以后每次都按固定的路线观测。采用此种方法进行沉降测量，避免了找寻设置仪器位置的麻烦，加快施测的进度；由于路线固定，比任意选择观测路线大大提高沉降测量的精度。但要注意必须在测定临时水准点高程的同一天内同时观测其他沉降观测点。

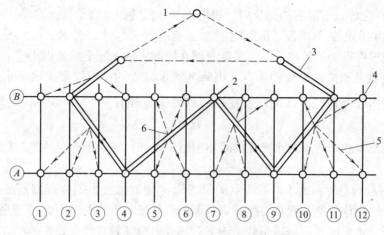

图 7 – 1 沉降观测线路

1—沉降观测水准点；2—作为临时水准点的观测点；3—观测路线；

4—沉降观测点；5—前视线；6—置仪器位置

5. 沉降观测点的首次高程测定

沉降观测点首次观测的高程值是以后各次观测用以进行比较的有效依据，如初测精度不够或存在错误，不仅无法补测，并且会引起沉降工作中的矛盾现象，因此必须提高初测精度。若条件允许，最好采用 N_2 或 N_3 类型的精密水准仪进行首次高程测定。同时每个沉降观测点首次高程，应在同期分别进行两次观测后决定。

6. 作业中应遵守的规定

（1）观测应在成像清晰、稳定时进行。

（2）仪器离前、后视水准尺的距离要用皮尺丈量，或用视距法测量，视距一般不应超过 50m。前后视距应尽量相等。

（3）前、后视观测最好使用同一根水准尺。

（4）前视各点观测完毕以后，应回视后视点，最后应闭合于水准点上。

7. 沉桩过程中的变形观测

在软土地基上建造高层建筑，多数采用桩基。如果采用钢管桩、钢筋混凝土打入桩，在打桩过程中由于土体受到挤压等原因从而引起地表土的位移及隆起，影响周围的原有建（构）筑物等。为了顺利进行打桩施工，确保周围的安全，应该对周围的建（构）筑物等进行沉降、位移、裂缝和倾斜等变形观测。

（1）水准点的布设沉降观测。通常利用就近的城市水准点作为基准点引测，当就近无城市水准点时，可自行埋设水准点。

建筑物的沉降观测是根据建筑物附近的水准点进行的，因此这些水准点必须坚固稳定。为了对水准点进行相互校核，防止其自身发生变化，水准点的数目不应少于 3 个，组成水准网，对水准点要进行定期高程检测，以保证沉降观测成果的正确性。

在布设水准点时要考虑下列因素：

1）水准点应尽量与观测点靠近，其距离不应超过 100m，以保证观测精度。

2）水准点应布置在受震区以外的安全地点，以防受到震动的影响。

3）水准点应埋设于坚实的土层内，避免埋设在低洼积水和松软土地带。

（2）水准点的形式与埋设。沉降观测水准点的形式与埋设要求，通常与三、四等水准点相似，应根据现场的具体条件、沉降观测在时间上的不同要求加以决定。

（3）沉降观测水准点高程的测定。沉降观测水准点的高程应根据城市永久水准点引测，采用 II 等水准测量的方法测定。往返测误差不应超过 $\pm 1 \sqrt{n}$ mm（n 为测站数），或 $\pm 4 \sqrt{L}$（L 为公里数）。

若沉降观测水准点与永久水准点的距离超过 2000m，那么不必引测绝对标高，而是采用假设高程。

（4）观测点的布置和要求。观测点的位置选择和数量，根据被观测物的状况和技术而决定。例如民用建筑物布置在房角、纵横墙的交接处、沉降缝的两旁，工业建筑应布置在基础、柱子、承重墙或厂房转角处，地下管线设施应布置在管线设施的上方（最好应开挖暴露，直接布其上）。总之，观测点要布置在能表示沉降特征的地点。

观测点布置合理，才可以全面精确地查明沉降情况。这项工作应由设计单位或施工技术部门负责。观测点应绘制 1:100 或 1:500 平面图，同时注意点位编号，便于进行观测和记录。

对观测点的要求如下：

1）观测点应埋设牢固稳定，可以长期保存。

2）观测点的上部应制成蘑菇状或有明显的突出处，与墙、柱身保持相当的距离。

3）要保证在点上能垂直置尺和通视条件良好。

（5）观测点的形式与埋设。沉降观测点形式和埋设应根据具体的工程性质和施工条件来设计确定。高层建筑在打桩过程中对周围建（构）筑物的影响，为此观测点应设在原有的建（构）筑物上，比较常用的几种观测点如下：

1）采用直径 20mm 的钢筋，一端弯成 90°角，一端制成燕尾形埋入墙内（图 7-2）。

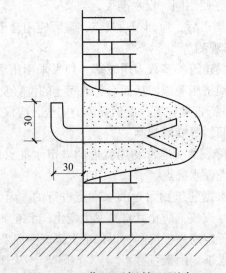

图 7-2 燕尾形钢筋观测点

2）采用长 120mm 的角钢，在一端焊一铆钉头，另一端埋入墙内，用 1：2 水泥砂浆填实（图 7－3）。

3）管线上观测点，视具体情况而定，最好将管线开挖暴露，直接进行观测其本身的升降量，或采用间接观测的方法在管线旁边埋设观测点，推算管线的升降量（图 7－4）。

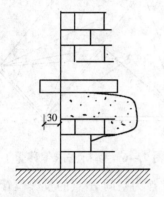

图 7－3　角钢埋设观测点

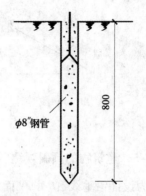

图 7－4　地下管线观测点

7.2　建筑物倾斜观测

1. 直接测定建筑物倾斜方法

测定建筑物的倾斜主要有两类方法。一类是直接测定建筑物的倾斜 i，该方法多用于基础面积过小的超高建筑物，如摩天大楼、水塔、烟囱、铁塔等；另一类是通过测量建筑物基础的高程变化，按式（7－1）计算建筑物的倾斜。

$$i = \frac{W_3 - W_2}{S_{23}} \text{mm/m} \tag{7－1}$$

式中：W_2——某一观测点的下沉深度（mm）；

W_3——与 W_2 相邻点的下沉深度（mm）；

S_{23}——W_2 与 W_3 点的直线距离（m）。

（1）吊挂垂线方法。直接测定建筑物倾斜方法中，吊挂悬垂线方法是一种相对简单的方法，根据建筑物各高度的偏差可直接测定建筑物的倾斜，但是不应经常出现在建筑物上固定吊挂悬垂线的情况，所以对于超高建筑物多采用经纬仪投影或测水平角的方法来测定倾斜。图 7－5 中 A、B 分别为设计在建筑物同一竖线上的平、高两点。如建筑物发生倾斜，高点 B 相对于平点 A 移动了某一数值 e，那么建筑物的倾斜值 i 为：

$$i = \tan\alpha = e/h \tag{7－2}$$

所以为了确定建筑物的倾斜必须得到 e、h 值，h 一般为已知数据。当 h 为未知时，按图 7－6 所示，可在地面上设两条基线，用三角测量的方法测定，此时，经纬仪应设置在距建筑物较远的地方（距离最好在 $1.5h$ 以上，以减少仪器纵轴不垂直的影响）。设 A、B 两点无法摆设仪器，难于做点位投影工作，在此介绍高点 B 偏移平点 A 的移动值 e 的解

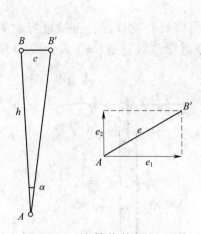

图7-5 建筑物的倾斜观测

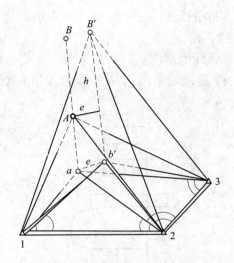

图7-6 解析法求偏移量

析求法。设 a 为设计铅垂线 AB 的平面投影位置，b' 点为空间 B' 点的投影位置。围绕 A、B' 点在地面上选定基线 1—2，2—3（按 5″小三角基线丈量精度量取基线边），在 1、2、3 三点间用前方交会法，按 5″小三角的精度要求测定 A、B' 平面坐标（可假定 $X_1 = 0$，$Y_1 = 0$，$\alpha_{1-2} = 0°00'00''$，$H = 0$）和高程 H_A、H_B，则：

$$h = H_B - H_A, \quad e = \sqrt{(Y_B' - Y_A)^2 + (X_B' - X_A)^2} \qquad (7-3)$$

（2）测量水平角法。图7-7给出的是采用测量水平角的方法来测定烟囱倾斜的例子。在距烟囱 $1.5h$ 处的相互垂直两方向线上，分别标出两个固定标志，以此作为测站。在烟囱上标出观测目标 1、2、3、4，并选定通视良好的远方不动点 M_1 和 M_2，随后在测站 I 架设经纬仪测量水平角（1）、（2）、（3）、（4），并计算角 [（2）+（3）]/2 和 [（1）+（4）] /2。角值 [（1）+（4）]/2 表示烟囱的下部中心 b 的方向，[（2）+（3）]/2 表示烟囱上部中心点 a 的方向，只要知道测站 I 到烟囱中心的距离 S_1，就可根据 a、b 的方向差 $\delta = a - b$，按式（7-4）计算偏斜量 e_1。

$$e_1 = \delta_1'' \times S_1/\rho'', \quad \rho'' = 206.265'' \qquad (7-4)$$

同理，在测站 II 观测水平角（5）、（6）、（7）、（8），同理可求得烟囱的另一方向上的偏移量 e_2，用矢量相加的办法即可求得烟囱的上部相对于勒角中心的偏移量 e_0，从而可利用式（7-4）计算烟囱的倾斜。

2. 测定坝体倾斜的方法

对于大坝等水利工程建筑物，各坝段的基础地质条件不同，有的坝段位于坚硬岩石

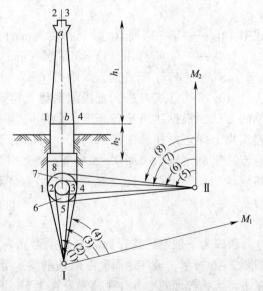

图7-7 烟囱的倾斜测量

处。有的位于软岩处，有的位于岩石破碎带，其含岩度也各不相同。因此坝体的结构关系，坝段的重量不相等；水库蓄水后，库区地表承受较大的静水压力，使地基失去原有平衡，这些因素均会导致坝体产生不均匀的下沉。

（1）水准测量方法。由于各类型变形测量均在建筑物基础的重要部位设站，所以通过水准观测求得各点的高程，便可以求得各工作点的下沉值，从而计算倾斜值。

（2）液体静力水准测量方法。液体静力水准测量方法是利用一种特制的静力水准仪，测定两点间的高差变化，以计算倾斜。

（3）气泡式倾斜仪测量方法。由一个高灵敏度的气泡水准管 e 和一套精密测微器组件构成气泡式倾斜仪。如图 7-8 所示，q 为测微杆，h 为读数盘，k 为指标。气泡式水准管 e 固定在支架 a 上，支架可绕 c 点转动，支架口下装有弹簧片 d，使支架 a 与底板 b 接触，而在底板 b 下装有置放装置 m，s 为测微杆连接器，s 与底板紧固在一起。通过 m 将倾斜仪安置在需要的位置上以后，同时转动读数盘 h，使测微杆 q 上下移动，压动支架 a 使气泡水准管 e 的气泡居中。此时在度盘上读出初始读数 h_0；如基础发生倾斜变形，仪器气泡会发生偏移；为了求出倾斜值需重新转动读数盘 h 使气泡居中，读出读数 h_j，$j=1$、2、3、$\cdots$、n，n 为观测周期数；将初始读数 h_0 与周期读数 h_j 相减，即可求出倾斜角。

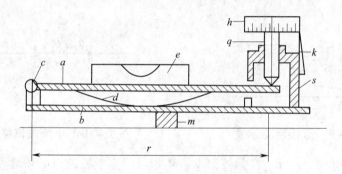

图 7-8 气泡式倾斜仪的结构

a—支架；b—底板；c—点 c；d—弹簧片；e—气泡水准管；
h—读数盘；k—指标；m—置放装置；q—测微杆；s—测微杆连接器

国产的气泡倾斜仪灵敏度为 $2''$，总的观测范围为 $1°$，较适用于较大倾角和小范围的局部变形测量。

7.3 建筑物位移观测

当要测定某大型建筑物和重要构筑物的水平位移时，可以根据建（构）筑物的不同形状和具体大小，布设各种形式的控制网进行水平位移观测。观测点与控制点应位于同一直线上。控制点至少要埋设三个，控制点的距离及观测点与相邻的控制点间的距离要大于 30m，以确保测量的精度。当要测定建（构）筑物在某一特定方向上的位移量时，可以在垂直于待测定的方向上建立一条基准线，然后定期地测量观测标志偏离基准线的距离，并了解建（构）筑物的水平位移情况。位移观测的控制点应设在打桩区影响之外（一般设在 100m 之外），打桩（特别是钢筋混凝土桩）的影响范围一般为桩长的 1.5 倍，如

$400\text{mm} \times 400\text{mm} \times 27000\text{mm}$ 的混凝土方桩的影响范围在 $30\text{m} \sim 40\text{m}$ 之间，当然它与桩的密度，打桩的速率等均有关系。打桩过程中的变形观测，最好在打桩前和打桩后分别测量，也可以每天打桩后进行一次观测。观测后要及时整理记录并于次日提交资料，一个阶段后除了提交观测资料外，还要绘制变形曲线图，便于及时分析原因，采取措施，有效防止事故的发生。

1. 视准线法

由经纬仪的视准面形成基准面的基准线法称为视准线法。视准线法又可分为直接观测法、角度变化法（即小角法）和移位法（即活动觇牌法）三种。

（1）直接观测法。可采用 J_2 级经纬仪正倒镜投点的方法直接求出位移值，这种方法最为简单并且直接正确，是常用的方法之一，如图 7-9 所示。

仪器架在控制点 A，正镜瞄准控制点 B，投影至观测点 1，利用小钢皮尺直接读数；倒镜再瞄准 B，投影至 1 再读数，取两读数的平均值，即观测点 1 的水平位移值。

（2）小角法。这种方法是利用精密经纬仪，精确测出基准线与置镜端点及观测点视线之间所夹的角度，如图 7-10 所示。

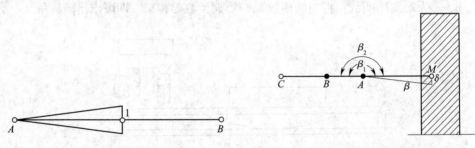

图 7-9　直接观测示意　　　　　图 7-10　小角法位移观测示意

如图 7-10 所示，A、B、C 为控制点；M 为观测点。控制点必须埋设牢固稳定的标桩，在每次观测之前对所使用的控制点应进行检查，防止其变化。建（构）筑物上的观测点标志要牢固并且醒目。

设第一次在 A 点所测之角度为 β_1，第二次测得之角度为 β_2，两次观测角度的差数：

$$\Delta\beta = \beta_2 - \beta_1 \tag{7-5}$$

那么建筑物位移值：

$$\delta = \frac{\Delta\beta \cdot AM}{\rho''} \tag{7-6}$$

式中：δ——位移值；

AM——A 点至 M 的距离；

ρ''——$\rho'' = 206265''$。

（3）激光准直法。当采用激光准直法测定位移时，应符合下列规定：

1）使用激光经纬仪准直法时，当要求具有 $10^{-5} \sim 10^{-4}$ 量级准直精度时，可采用 DJ$_2$ 型仪器配置氦-氖激光器或半导体激光器的激光经纬仪及光电探测器或目测有机玻璃方格网板；当要求达 10^{-6} 量级精度时，可采用 DJ$_1$ 型仪器配置高稳定性氦-氖激光器或半导体激光器的激光经纬仪及高精度光电探测系统。

2）对于较长距离的高精度准直，可采用三点式激光衍射准直系统或衍射频谱成像及投影成像激光准直系统。对短距离的高精度准直，可采用衍射式激光准直仪或连续成像衍射板准直仪。

3）激光仪器在使用前必须进行检校，仪器射出的激光束轴线、发射系统轴线和望远镜照准轴应三者重合，观测目标与最小激光斑应重合。

4）观测点位的布设和作业方法应按照"视准线法"的相关规定执行。

2. 用前方交会法测定建筑物的水平位移

在测定大型工程建筑物（例如塔形建筑物、水工建筑物等）的水平位移时，可利用变形影响范围之外的控制点采用前方交会法进行。

如图 7-11 所示，A、B 点为相互通视的控制点，P 为建筑物上的位移观测点。先将仪器架设于 A，后视 B，前视 P，测得角 $\angle BAP$ 的外角，$\alpha = (360° - \alpha_1)$，再架设于 B，后视 A，前视 P，测得 β，通过内业计算求得 P 点坐标。当 α、β 角值变化时 P 点坐标也会随之变化，然后根据式（7-7）计算其位移量。

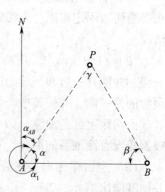

图 7-11　前方交会示意

$$\delta = \sqrt{(x_2 - x_1)^2 + (y_2 - y_1)^2} \qquad (7-7)$$

前方交会通用方法见表 7-1。

表 7-1　前方交会通用方法

方　　法	内　　容
已知点的坐标反算	$\tan\alpha_{AB} = \dfrac{\Delta y}{\Delta x} = \dfrac{y_B - y_A}{x_B - x_A}$ $D_{AB} = \dfrac{\Delta y}{\sin\alpha_{AB}} = \dfrac{y_B - y_A}{\sin\alpha_{AB}}$ $D_{AB} = \dfrac{\Delta x}{\cos\alpha_{AB}} = \dfrac{x_B - x_A}{\cos\alpha_{AB}}$
求待测边的方位角和边长	$\alpha_{AP} = \alpha_{AB} - \alpha$ $\alpha_{BP} = \alpha_{BA} + \beta$ $D_{AP} = \dfrac{D_{AB} \cdot \sin\beta}{\sin\gamma}$ $D_{BP} = \dfrac{D_{BA} \cdot \sin\alpha}{\sin\gamma}$
待测点的坐标计算	$x_P = x_A + D_{AP}\cos\alpha A_P$ $x_P = x_B + D_{BP}\cos\alpha B_P$ $y_P = y_A + D_{AP}\sin\alpha A_P$ $y_P = y_B + D_{BP}\sin\alpha B_P$

7.4 建筑物裂缝观测

1. 观测标志设置形式

建筑物发现裂缝，除了要增加沉降观测的次数外，应立即进行裂缝变化的观测。为了观测裂缝的发展情况，要在裂缝处设置观测标志。设置标志的基本要求是：当裂缝开展时标志就能相应的开裂或变化，正确地反映建筑物裂缝发展情况。

（1）石膏板标志。用厚 10mm、宽 50mm ~ 80mm 的石膏板（长度视裂缝大小而定），在裂缝两边固定牢固。当裂缝继续发展时，石膏板也随之开裂，从而观察裂缝继续发展的情况。

（2）白铁片标志。用两块白铁片，一片取 150mm × 150mm 的正方形，固定在裂缝的一侧。并使其一边和裂缝的边缘对齐如图 7 – 12 所示。另一片为 50mm × 200mm，固定在裂缝的另一侧，并使其中一部分紧贴相邻的正方形白铁片。当两块白铁片固定好以后，在其表面均涂上红色油漆。如果裂缝继续发展，两白铁片将逐渐拉开，露出正方形白铁上原被覆盖没有涂油漆的部分，其宽度即为裂缝加大的宽度，可用尺子量出。

（3）金属棒标志。在裂缝两边钻孔，将长约 10cm、直径 10mm 以上的钢筋头插入，并使其露出墙外约 2cm，用水泥砂浆填灌牢固，如图 7 – 13 所示。在两钢筋头埋设前，应先把外露一端锉平，在上面刻画十字线或中心点，作为量取间距的依据。待水泥砂浆凝固后，量出两金属棒之间距并进行比较，即可掌握裂缝发展情况。

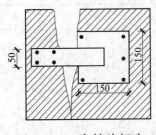

图 7 – 12　白铁片标志

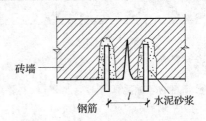

图 7 – 13　金属棒标志

2. 裂缝观测要求

（1）裂缝观测应测定建筑上的裂缝分布位置和裂缝的走向、长度、宽度及其变化情况。

（2）对需要观测的裂缝应统一进行编号。每条裂缝应至少布设两组观测标志，其中一组应在裂缝的最宽处，另一组应在裂缝的末端。每组应使用两个对应的标志，分别设在裂缝的两侧。

（3）裂缝观测标志应具有可供量测的明晰端面或中心。长期观测时，可采用镶嵌或埋入墙面的金属标志、金属杆标志或楔形板标志；短期观测时，可采用油漆平行线标志或用建筑胶粘贴的金属片标志。当需要测出裂缝纵横向变化值时，可采用坐标方格网板标志。使用专用仪器设备观测的标志，可按具体要求另行设计。

（4）对于数量少、量测方便的裂缝，可根据标志形式的不同分别采用比例尺、小钢尺或游标卡尺等工具定期量出标志间距离求得裂缝变化值，或用方格网板定期读取"坐标差"计算裂缝变化值；对于大面积且不便于人工量测的众多裂缝宜采用交会测量或近景摄影测量方法；需要连续监测裂缝变化时，可采用测缝计或传感器自动测记方法观测。

（5）裂缝观测的周期应根据其裂缝变化速度而定。开始时可半月测一次，以后一月测一次。当发现裂缝加大时，应及时增加观测次数。

（6）裂缝观测中，裂缝宽度数据应量至 0.1mm，每次观测应绘出裂缝的位置、形态和尺寸，注明日期，并拍摄裂缝照片。

3. 应提交的图表资料

裂缝观测应提交下列图表：

（1）裂缝位置分布图。

（2）裂缝观测成果表。

（3）裂缝变化曲线图。

8 测 量 误 差

8.1 测量误差概念

8.1.1 测量误差的来源及处理

1. 测量误差的来源

测量误差是不可避免的，其产生的原因主要有以下几个方面：

（1）测量工作所使用的仪器，尽管经过了检验校正，但是还会存在残余误差，因此不可避免地会给观测值带来影响。

（2）测量过程中，无论观测人员的操作如何认真仔细，但是由于人的感觉器官鉴别能力的限制，在进行仪器的安置、瞄准、读数等工作时都会产生一定的误差，同时观测者的技术水平、工作态度也会对观测结果产生不同的影响。

（3）由于测量时外界自然条件，例如温度、湿度、风力等的变化，给观测值带来误差。

观测条件（即引起观测误差的主要因素），是指观测者、观测仪器和观测时的外界条件。观测条件相同的各次观测，称为同精度观测；观测条件不同的各次观测，称为不同精度观测。

2. 测量误差的处理原则

在测量工作中，由于观测值中的偶然误差不可避免，有了多余观测，观测值之间必然产生误差（不符值或闭合差）。按照差值的大小，可以评定测量的精度，差值如果大到一定程度，就认为观测值中有错误（不属于偶然误差），称为误差超限，应予重测（返工）。差值若不超限，则按偶然误差的规律来处理，称为闭合差的调整，以求得最可靠的数值。这项工作称为"测量平差"。

除此之外，在测量工作中还可能发生错误，如读错读数、瞄错目标、记错数据等。错误是由于观测者本身疏忽造成的，通常称为粗差。粗差不属于误差范畴，测量工作中是不允许的，它会影响测量成果的可靠性。测量时必须遵守测量规范，认真操作，随时检查，并进行结果校核。

8.1.2 产生测量误差的原因

在测量工作中，在对同一量的各次观测值之间，或在各观测值与其理论值之间存在差异。例如，往返丈量某段距离若干次，或者反复观测某一角度，每次测量结果通常不一致；测量闭合水准路线的高差闭合差不等于零，等等。在测量实践中我们发现，尽管选用了精密仪器，并且严格按操作规程观测，但因为各种原因，使观测值不可避免产生误差。

产生测量误差的原因有很多，主要有下列三个方面。

1. 测量仪器

测量工作是利用测量仪器进行的，每种仪器有一定限度的精密程度，而且测量仪器的构造不可能十分完善，从而使测量结果受到一定影响。例如，经纬仪的视准轴与横轴不垂直、度盘的刻划误差及偏心，都会使所测角度产生误差；水准仪的视准轴不平行于水准管轴，会使观测的高差产生 i 角误差。

2. 观测者

由于观测者的感官鉴别能力存在一定的局限性，所以对仪器的各项操作，如经纬仪对中、瞄准、整平、读数等方面都会产生误差。另外，观测者的技术熟练程度、工作态度也会对测量成果带来不同程度的影响。

3. 外界环境

测量时所处的外界环境（包括湿度、温度、气压、风力、大气折光等）时刻在变化，使测量结果产生误差。例如，温度变化会使钢尺伸缩；大气折光会使瞄准产生偏差等。

上述三个方面通常称为观测条件，观测条件相同的各次观测称为等精度观测，否则称为非等精度观测。人、仪器和环境是测量工作进行的必要条件，因此，观测条件的好坏与观测成果的质量有密切的联系。

8.1.3 测量误差的分类

根据对观测结果的影响，可分为偶然误差和系统误差。

系统误差是指在相同的观测条件下对某量进行一系列观测，若误差出现的符号及大小均相同或按一定的规律变化的误差。如量距中用名义长度为30m而经检定后实际长度为30.001m的钢尺，每量一尺段就有0.001m的误差，丈量误差与所测量的距离成正比。

系统误差具有累积性。又如某些观测者在照准目标时，总习惯于把望远镜十字丝对准目标的某一侧，这样会使观测结果带有系统误差。

偶然误差则是指在相同的观测条件下对某量进行一系列观测，若误差的符号和大小都具有不确定性，但就大量观测误差总体而言，又服从于一定的统计规律性的误差。偶然误差也叫随机误差。如读数的望远镜的照准误差、估读误差、经纬仪的对中误差等。

在观测过程中，系统误差与偶然误差常常是同时产生的，当系统误差采取了适当的方法加以消除或减小以后，决定观测精度的主要因素就是偶然误差了，偶然误差影响了观测结果的精确性，因此在测量误差理论中研究对象主要是偶然误差。

偶然误差的特性如下所述：

例如，对一个三角形的三个内角进行测量，测量的结果是三角形各内角之和不等于180°，如果用 L 表示真值；X 表示观测值，那么偶然误差为：

$$\Delta = X - L = X - 180°$$

现在对221个三角形在完全相同的条件下进行了观测，按照所观测数据及误差大小总结成了表8-1。

表 8 – 1　对 221 个三角形观测相应误差个数的统计

误 差 区 间	正误差个数	负误差个数	总数
0″ ~ 3″	30	29	59
3″ ~ 6″	21	20	41
6″ ~ 9″	15	18	33
9″ ~ 12″	16	14	30
12″ ~ 15″	12	12	24
15″ ~ 18″	8	10	18
18″ ~ 21″	5	6	11
21″ ~ 24″	2	2	4
24″ ~ 27″	1	0	1
27″以上	0	0	0
合计	110	111	221

从表 8 – 1 获知：绝对值较小的误差比绝对值较大的误差个数多；绝对值相等的正负误差的个数大致相等；最大误差不超过 27″。

另外，人们发现，就单个偶然误差而言，其大小和符号都没有规律性，呈现出随机性（图 8 – 1），但就其总体而言却呈现出一定的统计规律性，且是服从正态分布的随机变量（图 8 – 2）。

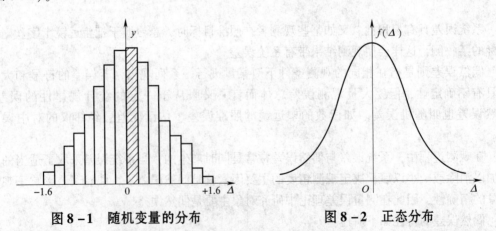

图 8 – 1　随机变量的分布　　　　图 8 – 2　正态分布

人们还发现，在相同观测条件下，大量偶然误差分布表现出一定的统计规律性。

（1）观测条件一定时，偶然误差的绝对值有一定的限值，或者说，超出该限值的误差出现的概率为零。

（2）绝对值相等的正、负误差出现的概率相同。

（3）绝对值较小的误差比绝对值较大的误差出现的概率大。

（4）同一个量的等精度观测时，偶然误差的算术平均值，随着观测次数 n 的无限增大而趋于零，即：

$$E(\Delta) = \lim_{n \to \infty} \frac{\Delta_1 + \Delta_2 + \cdots + \Delta_n}{n} = \lim_{n \to \infty} \frac{[\Delta]}{n} = 0 \qquad (8-1)$$

式中：$[\Delta]$——偶然误差的代数和。

8.2 测量误差的精度评定标准

8.2.1 中误差

在相同的观测条件下观测，为了避免正、负误差相互抵消，能够明显反映观测值中较大误差的影响，取均方差计算较为合适。因为在实际测量工作中，不可能某一量作无限多次观测，因此定义按有限次观测的偶然误差（真误差）求得的均方差为中误差 m，即：

$$m = \pm \sqrt{\frac{\Delta_1^2 + \Delta_2^2 + \cdots + \Delta_n^2}{n}} = \pm \sqrt{\frac{[\Delta\Delta]}{n}} \qquad (8-2)$$

从式（8-2）可以看出，中误差不等于真误差，它只是一组真误差的代表值。中误差 m 值的大小表明这组观测值精度的高低，而且它还能明显地反映出测量结果中较大误差的影响，因此，通常都采用中误差作为评定观测值精度的标准。

8.2.2 相对误差

在某些测量工作中，用中误差这个标准不能反映出观测的质量，例如，用钢尺丈量 200m 和 80m 两段距离，观测值的中误差都是 ±20mm，但不可以认为两者的精度一样。因为丈量误差与其长度有关，因此，采用将观测值的中误差绝对值与观测值之比化为分子为 1 的分数的形式，称为相对误差，用 K 表示。它是个无名数，用来衡量精度高低。

$$K = \frac{|m|}{x} = \frac{1}{x/|m|} \qquad (8-3)$$

用相对误差来衡量，显然第一组精度高于第二级精度。

观测值的精度，按照不同性质的误差有不同的概念描述，精度表示测量结果中偶然误差大小的程度；正确度表示测量结果中系统误差大小的程度；准确度是测量结果中系统误差与偶然误差的综合，表示测量结果与真值的一致程度。

8.2.3 容许误差

偶然误差的特性表明，在一定条件下，其误差的绝对值是有一定限度的，因而在衡量某一观测值的质量，决定其取舍时，可以以该限度作为观测量误差的限值，我们将其称为极限误差，又称为容许误差、限差。若测量误差超过该值范围，就认为该观测值的质量不合格。

那如何确定极限误差呢？通过数理统计理论分析误差概率分布曲线可知，观测值真误差的绝对值大于中误差的偶然误差出现的可能性为 32%，大于两倍中误差的偶然误差出现的可能性只有 5%，大于三倍中误差的偶然误差出现的可能性仅为 0.3%。

从上述统计可以看出，绝对值大于三倍中误差的偶然误差在观测中是很少出现的，因此一般用三倍中误差作为误差的界限，称为该观测条件的极限误差。即：

$$\Delta_限 = 3m \qquad\qquad (8-4)$$

在实际工作中，测量规范要求观测值不允许较大的误差，常以三倍中误差作为偶然误差的容许值，称为容许误差。即：

$$\Delta_容 = 3m \qquad\qquad (8-5)$$

对一些要求严格的精密测量，有时以二倍中误差作为偶然误差的容许值，即

$$\Delta_容 = 2m \qquad\qquad (8-6)$$

在实际观测中，偶然误差一旦超过规定的限差范围，则说明观测值质量不符合要求，必须舍去，应予以重新观测。

8.3 算数平均值原理

8.3.1 算术平均值

对某未知量进行 n 次等精度观测，其观测值分别为 l_1，l_2，$\cdots$，l_n，将这些观测值取算术平均值 x 作为该未知量的最可靠的数值，称为"最或是值"，即：

$$x = \frac{l_1 + l_2 + \cdots + l_n}{n} = \frac{[l]}{n} \qquad\qquad (8-7)$$

下面以偶然误差的特性来探讨算术平均值 x 作为某量的最或是值的合理性和可靠性。

设某量的真值为 X，各观测值为 l_1，l_2，$\cdots$，l_n，其相应的真误差为 Δ_1，Δ_2，$\cdots$，Δ_n，则：

$$\Delta_1 = l_1 - X \qquad\qquad (8-8)$$
$$\Delta_2 = l_2 - X \qquad\qquad (8-9)$$
$$\Delta_n = l_n - X \qquad\qquad (8-10)$$

将等式两端分别相加并除以 n，得

$$\frac{[\Delta]}{n} = \frac{[l]}{n} - X = x - X \qquad\qquad (8-11)$$

根据偶然误差的抵偿特性，当观测次数 $n \to \infty$ 时，$\dfrac{[\Delta]}{n}$ 就会趋于零，即：

$$\lim_{n \to \infty} \frac{[\Delta]}{n} = 0 \qquad\qquad (8-12)$$

由此看出，当观测次数无限增大时，观测值的算术平均值 x 趋近于该量的真值 X。但是在实际工作中不可能进行无限次观测，算术平均值不等于真值，因此，把有限个观测值的算术平均值作为该量的最或是值。

为简便起见，用以下方法计算，观测值与近似值之差为：

$$\Delta l_i = l_i - l_0 (i = 1, 2, \cdots, n) \tag{8 - 13}$$

得

$$[\Delta l] = [l] - n l_0 \tag{8 - 14}$$

两端除以 n 并移项化简，得

$$x = l_0 + \frac{[\Delta l]}{n} \tag{8 - 15}$$

8.3.2 观测值的改正值

算术平均值与观测值之差称为观测值的改正值，以 ν 表示，即：

$$\nu_i = x - l_i \tag{8 - 16}$$

将等式两端分别相加，得

$$[\nu] = nx - [l] \tag{8 - 17}$$

将公式（8 - 7）代入上式，得

$$[\nu] = 0 \tag{8 - 18}$$

因此，一组等精度观测值的改正值之和恒等于零。这一结论可作为计算工作的校核。

8.4 误差传播定律及应用

8.4.1 误差传播定律

在测量工作中，通常采用中误差作为衡量指标。但在实际工作中，某些未知量不方便或不可能直接进行观测，则需要由另一些量的直接观测值根据一定的函数关系计算出来。例如，要测定不在同一水平面上两点间的平距 D，可以用光电测距仪测量斜距 S，并用经纬仪测量竖直角 α，以函数关系 $D = S\cos\alpha$ 来推算。显然，在此情况下，函数 D 的中误差与观测值 S 及 α 的中误差之间，必有一定关系。用以阐述这种关系的定律，称之为误差传播定律。

设有一般函数：

$$Z = F(x_1, x_2, \cdots, x_n) \tag{8 - 19}$$

式中：x_1，x_2，$\cdots$，x_n——可直接观测的未知量；

$\qquad Z$——不方便直接观测的未知量。

设 $x_i (i = 1, 2, \cdots, n)$ 的观测值为 l_i，其相应的真误差为 Δx_i。因为 Δx_i 的存在，使得函数 Z 会产生相应的真误差 ΔZ。将式（8 - 19）取全微分：

$$\mathrm{d}Z = \frac{\partial F}{\partial x_1}\mathrm{d}x_1 + \frac{\partial F}{\partial x_2}\mathrm{d}x_2 + \cdots + \frac{\partial F}{\partial x_n}\mathrm{d}x_n \tag{8 - 20}$$

因误差 Δx_i 及 ΔZ 都很小，所以在上式中，可近似用 Δx_i 及 ΔZ 取代 $\mathrm{d}x_i$ 及 $\mathrm{d}Z$ 及 $\mathrm{d}z$，于是有：

$$\Delta Z = \frac{\partial F}{\partial x_1}\Delta x_1 + \frac{\partial F}{\partial x_2}\Delta x_2 + \cdots + \frac{\partial F}{\partial x_n}\Delta x_n \tag{8 - 21}$$

式中：$\dfrac{\partial F}{\partial x_i}$ ——函数 F 对各自变量的偏导数。

将 $x_i = l_i$ 代入各偏导数中，即为确定的常数，设：

$$\left(\frac{\partial F}{\partial x_i}\right)_{x_i = l_i} = f_i \tag{8-22}$$

那么，式（8-21）可写成：

$$\Delta Z = f_1 \Delta x_1 + f_2 \Delta x_2 + \cdots + f_n \Delta x_n \tag{8-23}$$

为求出函数和观测值之间的中误差关系式，设想对各 x_i 进行了 K 次观测，那么可写出 K 个类似于式（8-23）的关系式：

$$\left.\begin{aligned}
\Delta Z^{(1)} &= f_1 \Delta x_1^{(1)} + f_2 \Delta x_2^{(1)} + f_n \Delta x_n^{(1)} \\
\Delta Z^{(2)} &= f_1 \Delta x_1^{(2)} + f_2 \Delta x_2^{(2)} + f_n \Delta x_n^{(2)} \\
&\vdots \\
\Delta Z^{(k)} &= f_1 \Delta x_1^{(k)} + f_2 \Delta x_2^{(k)} + f_n \Delta x_n^{(k)}
\end{aligned}\right\} \tag{8-24}$$

将以上各式分别取平方后再求和，得：

$$[\Delta Z^2] = f_1^2[\Delta x_1^2] + f_2^2[\Delta x_2^2] + \cdots + f_n^2[\Delta x_n^2] + \sum_{\substack{i,j=1 \\ i \neq j}}^{n} f_i f_j [\Delta x_i \Delta x_j] \tag{8-25}$$

上式两端各除以 K

$$\frac{[\Delta Z^2]}{K} = f_1^2 \frac{[\Delta x_1^2]}{K} + f_2^2 \frac{[\Delta x_2^2]}{K} + \cdots + f_n^2 \frac{[\Delta x_n^2]}{K} + \sum_{\substack{i,j=1 \\ i \neq j}}^{n} f_i f_j \frac{[\Delta x_i \Delta x_j]}{K} \tag{8-26}$$

设对各 x_i 的观测值 l_i 为彼此独立的观测，那么 $\Delta x_i \Delta x_j$ 当 $i \neq j$ 时也为偶然误差。根据偶然误差的抵偿性可知，式（8-26）最后项当 $K \to \infty$ 时趋近于零，即：

$$\lim_{k \to \infty} \frac{[\Delta x_i \Delta x_j]}{K} = 0 \tag{8-27}$$

因此，式（8-26）可写为：

$$\lim_{k \to \infty} \frac{[\Delta Z^2]}{K} = \lim_{k \to \infty} \left\{ f_1^2 \frac{[\Delta x_1^2]}{K} + f_2^2 \frac{[\Delta x_2^2]}{K} + \cdots + f_n^2 \frac{[\Delta x_n^2]}{K} \right\} \tag{8-28}$$

根据中误差定义，上式可写成：

$$\sigma_Z^2 = f_1^2 \sigma_1^2 + f_2^2 \sigma_2^2 + \cdots + f_n^2 \sigma_n^2 \tag{8-29}$$

当 K 为有限值时，可近似表示为：

$$m_Z^2 = f_1^2 m_1^2 + f_2^2 m_2^2 + \cdots + f_n^2 m_n^2 \tag{8-30}$$

即：

$$m_Z = \pm \sqrt{\left(\frac{\partial F}{\partial x_1}\right)^2 m_1^2 + \left(\frac{\partial F}{\partial x_2}\right)^2 m_2^2 + \cdots + \left(\frac{\partial F}{\partial x_n}\right)^2 m_n^2} \tag{8-31}$$

式（8-26）即为计算函数中误差估值的一般形式。在应用式（8-26）时，要加以注意：各观测值必须是相互独立的变量。当 l_i 为未知量 x_i 的直接观测值时，可认为各 l_i 之间满足相互独立的条件。

8.4.2　误差传播定律的应用

误差传播定律在测绘领域应用得十分广泛，用其不仅可以求得观测值函数的中误差，评定实际测量成果的精度，还可以事先分析观测可能达到的精度，并为有关测量限差的确定提供理论依据。下面举例说明误差传播定律的应用方法，具体见表8-2。

表8-2 误差传播定律的应用方法

序号	题 干	解 答
1	在1:5000地形图上量得A、B两点间的距离$d=234.5mm$，其丈量中误差$m_d=\pm0.2mm$。求A、B两点间的实地水平距离D及其中误差m_D	依据题意，实地距离D与图上量距d间的函数关系为 $$D=Md=5000d（M为比例尺分母）$$ 分析函数类型，这是一个简单的倍数函数，根据误差传播定律可得到 $$D=Md=5000d=5000\times234.5/1000=1172.5m$$ $$m_D=Mm_d=\pm5000\times0.2/1000=\pm1.0m$$ 则这段距离及其中误差可以写为 $$D=（1172.5\pm1.0）m$$
2	在三角形ABC中，对$\angle A$和$\angle B$进行了观测，其观测中误差m_A和m_B分别为$\pm3.5''$和$\pm6.2''$，试求$\angle C$的中误差m_C	由三角形的内角和为180°可得到 $$\angle C=180°-\angle A-\angle B$$ 分析函数类型，这是一个和差函数，因为180°是常数，没有误差传播，故有 $$m_C^2=m_A^2+m_B^2$$ $$m_C=\pm\sqrt{m_A^2+m_B^2}=\pm\sqrt{3.5^2+6.2^2}=\pm7.1''$$
3	对某量X进行了n次等精度观测，各次观测值中误差为m，求其算术平均值的中误差M	算术平均值的计算公式为 $$\bar{x}=\frac{l_1+l_2+\cdots+l_n}{n}=\frac{1}{n}l_1+\frac{1}{n}l_2+\cdots+\frac{1}{n}l_n$$ 分析函数类型，这是一个线性函数，由于进行的是等精度观测，各次观测中误差均为m，根据误差传播定律可得到 $$m_{\bar{x}}^2=\frac{1}{n^2}m^2+\frac{1}{n^2}m^2+\cdots+\frac{1}{n^2}m^2=\frac{1}{n}m^2$$ $$m_{\bar{x}}=\sqrt{\frac{1}{n}m^2}=\frac{m}{\sqrt{n}}$$ 上式即为根据观测值中误差计算算术平均值中误差的公式。 可见，算术平均值的中误差与观测次数的平方根成反比，因此增加观测次数可以提高算术平均值的精度。但当观测次数n达到一定数值后，再增加观测次数，工作量增加，提高精度的效果并不明显。故不能单纯以增加观测次数来提高测量成果的精度，应设法提高观测值本身的精度。例如，使用精度较高的仪器、提高观测技能、在良好的外界条件下进行观测

续表 8－2

序号	题　干	解　答
4	$\Delta y = D\sin\alpha$，观测值 $D = 225.85\text{m} \pm 0.06\text{m}$，$\alpha = 157°00'30'' \pm 20''$。求 Δy 的中误差 $m_{\Delta y}$	分析函数类型，这是一般函数。根据式（8－31）有 $$\frac{\partial f}{\partial D} = \sin\alpha \qquad \frac{\partial f}{\partial \alpha} = D\cos\alpha$$ $$m_{\Delta y} = \pm\sqrt{\left(\frac{\partial f}{\partial D}\right)^2 m_{D}^2 + \left(\frac{\partial f}{\partial \alpha}\right)^2 m_{\alpha}^2}$$ $$= \pm\sqrt{\sin^2\alpha\, m_{D}^2 + (D\cos\alpha)^2\left(\frac{m_\alpha}{\rho}\right)^2}$$ $$= \pm\sqrt{0.391^2 \times 0.06^2 + 225.85^2 \times 0.921^2 \times \left(\frac{20}{206365}\right)^2}$$ $$= \pm 0.031\text{m}$$
5	证明四等水准测量往返测较差 $\Delta h_{容} \leqslant \pm 20\sqrt{L}$（mm）的来由	在高程测量，一条水准路线的观测高差 $\sum h$ 是 $$\sum h = h_1 + h_2 + \cdots + h_n$$ 因为各测站高差 h_1，h_2，…，h_n 是等精度观测，用 m 站表示各测站高差观测中误差，根据误差传播定律可得到 $$m_{\sum h} = \sqrt{n}\,m_{站}$$ 式中 n 是测站数。设 $n = L/S$，L 是水准路线长，S 是一测站的长度，若 L，S 均以 km 为单位，则 $n_0 = 1/S$ 是 1km 里的测站数，则 1km 单程观测高差中误差为 $$\mu_0 = \sqrt{n_0}\,m_{站} = \sqrt{\frac{1}{S}}\,m_{站}$$ 显然，L 的高差中误差为 $$m_{\sum h} = \sqrt{n}\,m_{站} = \sqrt{\frac{L}{S}}\,m_{站} = \sqrt{L}\,\mu_0$$ 在四等水准测量中，μ 是 1km 往返测高差的中误差，并规定 $\mu = \pm 5\text{mm}$，则 1km 单程观测高差中误差 μ_0 可得出 $$\mu_0 = \sqrt{2}\,\mu = \pm 5\sqrt{2}\text{mm}$$ 故有 $\qquad m_{\sum h} = \sqrt{L}\,\mu_0 = \pm 5\sqrt{2} \times \sqrt{L}$ 往返测高差的较差 $\Delta h = \sum h_{往} - \sum h_{返}$，根据误差传播定律即有 $$m_{\Delta h} = \pm\sqrt{m_{\sum h往}^2 + m_{\sum h返}^2} = \pm\sqrt{2}\,m_{\sum h} = \pm 10\sqrt{L}\text{mm}$$ 以 2 倍中误差作为容许误差，即有 $$\Delta h_{容} = 2m_{\Delta h} = \pm 20\sqrt{L}\text{mm}$$

8.5 误差的减弱方法

8.5.1 水准测量误差的减弱方法

1. 仪器误差

（1）仪器校正后的残余误差。这项误差属于系统误差。在水准测量时，只要将仪器安置在距前、后视距尺距离相等的位置，就可消除或减弱此项误差的影响。

（2）水准尺误差。水准尺在使用之前必须进行检验。此外，由于水准尺长期使用导致尺底端零点磨损，或者是水准尺的底端粘上泥土改变了水准尺的零点位置，则可以在一水准测段中把两支水准尺交替作为前后视读数，或者测量偶数站来消除。

2. 观测误差

（1）水准管气泡居中误差。设水准管分划值为 τ''，居中误差一般为 $\pm 0.15\tau''$，采用符合式水准器时，气泡居中精度可提高一倍。

（2）读数误差。在水准尺上估读毫米数的误差，与人眼的分辨能力、望远镜的放大倍率以及视线长度有关。

（3）视差影响。在观测前，必须反复调节目镜和物镜对光螺旋，已消除视差。

3. 外界条件的影响

（1）仪器下沉。由于仪器下沉，使视线降低，从而引起高差误差。采用"后、前、前、后"的观测程序，可减弱其影响。

（2）尺垫下沉。如果在转点发生尺垫下沉，将使下一站后视读数增大。采用往返观测，取平均值的方法可以减弱其影响。

（3）地球曲率的影响。只要将仪器安置于前、后视等距离处，就可消除地球曲率的影响。

（4）大气折光的影响。将仪器置于前、后视等距离处，可消除大气折光的影响。

（5）温度对仪器的影响。温度的变化不仅引起大气折光的变化，而且当烈日照射水准管时，由于水准管本身和管内液体温度升高，气泡向着温度高的方向移动，影响仪器水平，产生气泡居中误差，观测时应注意撑伞遮阳。

8.5.2 角度测量误差的减弱方法

1. 仪器误差

（1）度盘偏心误差。可取对径分划读数的平均值消除。

（2）度盘刻画误差和水平度盘平面不予竖轴垂直的误差。就现代生产的仪器来说，一般都很小，而且当观测的测回数不止一个时，还可以采用变换度盘位置的方法来减低度盘刻划误差的影响。

（3）视准轴误差和横轴误差。用盘左和盘右两个位置进行观测可以抵消这两种误差在观测方向上的影响。

（4）竖轴不垂直于水准管轴所引起的误差。必须认真做好仪器此项检验、校正。

2. 观测误差

（1）对中误差。对中引起的水平角观测误差与偏心距成正比，并与测站到观测点的距离成反比。因此，在进行水平角观测时，应严格对中，把对中误差限制到最小的程度。

（2）整平误差。当观测目标与仪器视线大致同高时，影响较小；当观测目标时，视线竖直角较大，则整平误差的影响明显增大，此时，应特别注意认真整平仪器。当发现水准管气泡偏离零点超过一格以上时，应重新整平仪器，重新观测。

（3）目标偏心误差。为了减少目标偏心对水平角观测的影响，观测时，标杆要准确而竖直地立在测点上，且尽量瞄准标杆的底部。

（4）瞄准误差。观测时应注意消除视差，调清十字丝，选择适宜的观测标志及有利的观测时间。

（5）读数误差。根据观测精度要求选择相应等级的仪器设备。

3. 外界条件的影响

观测者只能采取措施及选择有利的观测条件和时间，使这些外界因素的影响降低到最小的程度，从而保证测角的精度。

9 施工安全和施工测量工作的管理

9.1 测量放线的施工安全

9.1.1 工程测量的一般安全要求

（1）进入施工现场的作业人员，必须首先参加安全教育培训，考试合格后方能上岗作业。未经培训或考试不合格者，不得上岗。

（2）不满 18 周岁的未成年人，不得从事工程测量工作。

（3）作业人员服从领导和安全检查人员的指挥，工作时，思想集中，坚守岗位。未经许可，不得从事非本工种作业，严禁酒后作业。

（4）施工测量负责人，每日上班前必须集中本项目部全体人员，针对当天任务，结合安全技术措施内容和作业环境、设施、设备安全状况，以及本项目部人员技术素质、自我保护的安全知识、思想状态，有针对性地进行班前活动，提出具体注意事项，跟踪落实，并做好记录。

（5）六级以上强风和下雨、下雪天气，应停止露天测量作业。

（6）作业中出现不安全险情时，必须立即停止作业，组织撤离危险区域，报告上级领导解决，不准冒险作业。

（7）在道路上进行导线测量、水准测量等作业时，要注意来往车辆，防止发生交通事故。

9.1.2 建筑工程施工测量安全管理

（1）进入施工现场的人员必须戴好安全帽，系好帽带；按照作业要求正确穿戴个人防护用品，着装要整齐；在没有可靠安全防护设施的高处（2m 以上，如悬崖和陡坡）施工时，必须系好安全带；高处作业不得穿硬底和带钉易滑的鞋；不得向下投掷物体；严禁穿拖鞋、高跟鞋进入施工现场。

（2）施工现场行走要注意安全，避让现场施工车辆，避免发生事故。

（3）施工现场不得攀登脚手架、井字架、龙门架、外用电梯，禁止乘坐非载人的垂直运输设备上下。

（4）施工现场的各种安全设施、设备和警告、安全标志等未经领导同意不得任意拆除和随意挪动。确实因为测量通视要求等需要拆除安全网的安全设施，要事先与总包方相关部门协商，并及时予以恢复。

（5）在沟、槽、坑内作业必须经常检查沟、槽、坑壁的稳定情况，上下沟、槽、坑必须走坡道或梯子，严禁攀登固壁支撑上下，严禁直接从沟、槽、坑壁上挖洞攀登或跳下。间歇时，不得在槽、坑坡脚下休息。

（6）在基坑边沿进行架设仪器等作业时，必须系好安全带并挂在牢固可靠处。

（7）配合机械挖土作业时，严禁进入铲斗回转半径范围。

（8）进入现场作业面必须走人行梯道等安全通道，严禁利用模板支撑攀登上下，不得在墙顶、独立梁及其他高处狭窄而无防护的模板上面行走。

（9）地上部分轴线投测采用内控法作业的，在内控点架设仪器时要注意上方洞口安全，防止洞口坠物发生人员和仪器事故。

（10）发生伤亡事故必须立即报告领导，抢救伤员，保护现场。

9.1.3　建筑变形测量安全管理

（1）进入施工现场必须佩戴好安全用具。安全帽戴好并系好帽带，穿戴整齐进入施工现场。

（2）在场内、场外道路进行作业时，要注意来往车辆，防止发生交通事故。

（3）作业人员处在建筑物边沿等可能坠落的区域应系好安全带，并挂在牢固位置，未到达安全位置不得松开安全带。

（4）在建筑物外侧区域立尺等作业时，要注意作业区域上方是否交叉作业，防止上方坠物伤人。

（5）在进行基坑边坡位移观测作业时，必须佩戴安全带并挂在牢固位置，严禁在基坑边坡内侧行走。

（6）在进行沉降观测点埋设作业前，应检查所使用的电气工具，如电线橡胶绝缘是否开裂、脱落，检查合格后方可进行作业，操作时佩戴绝缘手套。

（7）观测作业时拆除的安全网等安全设施应及时恢复。

9.2　建筑施工测量工作的管理

9.2.1　施工测量技术质量管理

1. 施工测量放线的基本准则

（1）学习与执行国家法令、规范，为施工服务，对施工质量与进度负责。

（2）应遵守先整体后局部的工作程序，即先测设精度较高的场地整体控制网，再以控制网为依据进行各局部建（构）筑物的定位、放线。

（3）应校核测量起始依据（设计图纸、文件，测量起始点位、数据等）的正确性，坚持测量作业与计算工作步步校核。

（4）测量方法应科学、简捷，精度应合理、相称，仪器精度选择应适当，使用应精心，在满足工程需要的前提下，力争做到节省费用。

（5）定位、放线工作应执行的工作制度为：经自检、互检合格后，由上级主管部门验线；此外，还应执行安全、保密等有关规定，保管好设计图纸与技术资料，观测时应当场做好记录，测后应及时保护好桩位。

2. 施工测量技术资料管理原则

（1）测量技术资料应进行科学规范化管理。

（2）测量原始记录必须做到：表格规范，格式正确，记录准确，书写完整，字迹清晰。

（3）对原始资料数据严禁涂改或凭记忆补记，且不得用其他纸张进行转抄。

（4）各种原始记录不得随意丢失，必须专人负责，妥善保管。

（5）起算数据正确可靠，计算过程科学有序，严格遵守自检、互检、交接检的"三检制"。

（6）各种测量资料必须数据正确，符合测量规程，表格规范，格式正确方可报验。

（7）测量竣工资料应汇编齐全、有序，整理成册，并有完整的签字交接手续。

（8）测量资料应注意保密并妥善保管。

3. 施工测量放线验线工作的基本准则

（1）验线工作宜从审核施工测量方案开始，在施工的各阶段，应对施工测量工作提出预见性的要求，做到防患于未然。

（2）验线的依据应原始、正确、有效，设计图纸、变更洽商与起始点位（如红线桩、水准点等）及其数据（如坐标、高程等）应为原始、有效并正确的资料。

（3）测量仪器设备应按检定规程的有关规定进行定期检校。

（4）验线的精度应符合规范要求，主要包括：

1）仪器的精度应适应验线要求，并校正完好。

2）应按规程作业，观测误差应小于限差，观测中的系统误差应采取措施进行改正。

3）验线本身应先行附合（或闭合）校核。

（5）应独立验线，观测人员、仪器设备测法及观测路线等应尽量与放线工作不相关。

（6）验线的部位应为放线中的关键环节与最弱部位，主要包括：

1）定位依据与定位条件。

2）场区平面控制网、主轴线及其控制桩（引桩）。

3）场区高程控制网及 ±0.000 高程线。

4）控制网及定位放线中的最弱部位。

（7）验线方法及误差处理主要包括以下几点：

1）场区平面控制网与建（构）筑物定位，应在平差计算中评定其最弱部位的精度，并实地验测，精度不符合要求时应重测。

2）细部测量可用不低于原测量放线的精度进行验测，验测成果与放线成果之间的误差处理如下：

a. 两者之差若小于 $\sqrt{2}/2$ 限差时，对放线工作评为优良。

b. 两者之差略小于或等于 $\sqrt{2}$ 限差时，对放线工作评为合格（可不必改正放线成果，或取两者的平均值）。

c. 两者之差若大于 $\sqrt{2}$ 限差时，对放线工作评为不合格并令其返工。

4. 测量外业工作质量控制管理

（1）测量作业原则：先整体后局部，高精度控制低精度。

（2）测量外业操作应按照有关规范的技术要求进行。

（3）测量外业工作作业依据必须正确可靠，并坚持测量作业步步有校核的工作方法。

（4）平面测量放线、高程传递抄测工作必须闭合交圈。

（5）钢尺量距应使用拉力器并进行尺长、拉力、温差改正。

5. 测量计算质量控制管理

（1）测量计算基本要求：依据正确、方法科学、计算有序、步步校核、结果可靠。

（2）测量计算应在规定的表格上进行。在表格中抄录原始起算数据后，应换人校对，以免发生抄录错误。

（3）计算过程中必须做到步步有校核。计算完成后，应换人进行验算，检核计算结果的正确性。

6. 测量记录质量控制管理

（1）测量记录基本要求：原始真实、数字正确、内容完整、字体工整。

（2）测量记录应用铅笔填写在规定的表格上。

（3）测量记录应当场及时填写清楚，不允许转抄，保持记录的原始真实性；采用电子仪器自动记录时，应打印出观测数据。

7. 施工测量放线检查和验线质量控制管理

（1）建筑工程测量放线工作必须严格遵守"三检"制和验线制度。

（2）自检：测量外业工作完成后，必须进行自检，并填写自检记录。

（3）复检：由项目测量负责人或质量检查员组织进行测量放线质量检查，发现不合格项立即改正至合格。

（4）交接检：测量作业完成后，在移交给下道工序时，必须进行交接检查，填写交接记录。

（5）测量外业完成并经自检合格后，应及时填写"施工测量放线报告"报监理验线。

9.2.2 建筑施工测量技术资料管理

1. 建筑施工测量技术资料管理原则

（1）测量技术资料应进行科学规范化管理。

（2）测量原始记录必须做到：表格规范，格式正确，记录准确，书写完整，字迹清晰。

（3）对原始资料数据严禁涂改或凭记忆补记，且不得用其他纸张进行转抄。

（4）各种原始记录不得随意丢失，必须专人负责，妥善保管。

（5）外业工作起算数据必须正确可靠，计算过程科学有序，严格遵守自检、互检、交接检的"三检制"。

（6）各种测量资料必须数据正确，符合表格规范，测量规程，格式正确方可报验。

（7）测量竣工资料应汇编有序、齐全，整理成册，并有完整的签字交接手续。

（8）测量资料应注意保密，并妥善保管。

2. 施工测量技术资料的编制

（1）资料编制管理。施工测量技术资料应采用打印的形式并以手工签字，签字必须使用档案规定用笔（黑色钢笔或黑色签字笔）。

（2）工程定位测量记录。

1）业主委托测绘院或具有相应测绘资质的测绘部门根据建筑工程规划许可证（附件）建筑工程位置及标高依据，测定建筑物的红线桩。

2）施工测量单位应依据测绘部门提供的放线成果、红线桩及场地控制网（或建筑物控制网），测定建筑物位置、建筑物 ±0.000 绝对高程、主控轴线，并填写《工程定位测量记录》报监理单位审核。

3）定位抄测示意图须标出平面坐标依据、高程依据。如果按比例绘图时坐标依据、高程依据超出纸面，则可将之与现场控制点用虚线连接，标出相对位置即可。平面坐标依据、高程依据资料要复印附在《工程定位测量记录》后面。

4）使用仪器须注明该仪器出厂编号及检定日期。

5）工程定位测量完成后，应由建设单位申报具有相应测绘资质的测绘部门验线。

（3）基槽验线记录。施工测量单位应根据主控轴线和基底平面图，检验建筑物集水坑、基底外轮廓线、电梯井坑、垫层标高（高程）、基槽断面尺寸和坡度等，填写《基槽验线记录》报监理单位审核。

（4）楼层平面放线记录。放线简图应标明楼层外轮廓线、楼层重要尺寸、控制轴线及指北针方向。

（5）楼层标高抄测记录。抄测说明可写明 +0.500m（+1.000m）水平控制线标高、标志点位置、测量工具等，如需要可画简图说明。

（6）建筑物垂直度、标高观测记录。施工单位应在结构工程完成和工程竣工时，对建筑物标高和垂直度进行实测并记录，填写《建筑物垂直度、标高观测记录》报监理单位审核。

（7）施工测量放线报验表。测量放线作业完成并经自检合格后，方可向监理报验，并填写《施工测量放线报验表》。

（8）资料编号的填写。

1）施工测量技术资料表格的编号由分部工程代号（2位）、资料类别编号（2位）和顺序号（3位）组成，每部分之间用横线隔开。

2）分部工程代号：地基与基础01、主体结构02、建筑装饰装修03。

3）资料类别编号：施工测量记录C3。

4）顺序号：根据相同表格按时间自然形成的先后顺序号填写。

5）施工测量放线报验表编号按时间自然形成的先后顺序从001开始，连续标注。

9.2.3 测量放线的技术管理

1. 图纸会审

图纸会审是施工技术管理中的一项重要程序。开工前，要由建设单位组织建设、设计及施工单位有关人员对图纸进行会审。通过会审把图纸中存在的问题（如尺寸不符、数据不清，新技术、新工艺、施工难度等）提出来，加以解决。因此，会审前要认真熟悉图纸和有关资料。会审记录要经相关方签字盖章，会审记录是具有设计变更性质的技术文件。

2. 编制施工测量方案

在认真熟悉放线有关图纸的前提下，深入现场实地勘察，确定施测方案。方案内容包括施测依据，定位平面图，施测方法和顺序，精度要求，有关数据。有关数据应先进行内业计算、填写在定位图上，尽量避免在现场边测量边计算。

初测成果要进行复核，确认无误后，对测设的点位加以保护。

填写测量定位记录表，并由建设单位、施工单位施工技术负责人审核签字，加盖公章，归档保存。

在城市建设中，要经城市规划主管部门到现场对定位位置进行核验（称验线）后，才能施工。

3. 坚持会签制度

在城市建设中，土方开挖前，施工平面图必须经有关部门会签后，才能开挖。已建城市中，地下各种隐蔽工程较多（如电力、通信、煤气、给水、排水、光缆等），挖方过程中与这些隐蔽工程很可能相互碰撞，要事先经有关部门签字，摸清情况，采取措施，可避免问题发生。否则，对情况不清，急于施工，一旦隐蔽物被挖坏、挖断，不仅会造成经济损失，还有可能造成安全事故。

参 考 文 献

［1］中华人民共和国住房和城乡建设部. GB 50026—2007 工程测量规范（附条文说明）［S］. 北京：中国计划出版社，2007.

［2］中华人民共和国国家质量监督检验检疫总局. GB/T 18314—2009 全球定位系统（GPS）测量规范［S］. 北京：中国标准出版社，2009.

［3］李向民. 建筑工程测量［M］. 北京：机械工业出版社，2011.

［4］聂俊兵，赵得思. 建筑工程测量［M］. 郑州：黄河水利出版社，2011.

［5］张鸢. 测量放线工［M］. 北京：中国电力出版社，2014.

［6］魏静. 建筑工程测量［M］. 北京：机械工业出版社，2008.

［7］杨国清. 控制测量学 2 版［M］. 郑州：黄河水利出版社，2010.

［8］高井祥. 测量学［M］. 北京：中国矿业大学出版社，2010.

［9］李井永. 建筑工程测量［M］. 北京：清华大学出版社，2010.